# 赢在教养

## 图解那些世代相传
## 不可移易的家风·家训·家规

韩洪伟 ◎ 著

北京

图书在版编目（CIP）数据

赢在教养：图解那些世代相传不可移易的家风·家训·家规 / 韩洪伟著 . -- 北京：中国经济出版社，2024.9. -- ISBN 978-7-5136-7892-6

Ⅰ . B823.1-64

中国国家版本馆 CIP 数据核字第 2024KU8186 号

| | |
|---|---|
| 责任编辑 | 张梦初　高　鑫 |
| 责任印制 | 马小宾 |
| 封面设计 | 仙　境 |

| | |
|---|---|
| 出版发行 | 中国经济出版社 |
| 印 刷 者 | 三河市宏顺兴印刷有限公司 |
| 经 销 者 | 各地新华书店 |
| 开　　本 | 880mm×1230mm　1/32 |
| 印　　张 | 6 |
| 字　　数 | 120 千字 |
| 版　　次 | 2024 年 9 月第 1 版 |
| 印　　次 | 2024 年 9 月第 1 次 |
| 定　　价 | 52.00 元 |

广告经营许可证　京西工商广字第 8179 号

中国经济出版社 网址 http://epc.sinopec.com/epc 社址 北京市东城区安定门外大街 58 号 邮编 100011
本版图书如存在印装质量问题，请与本社销售中心联系调换（联系电话：010-57512564）

版权所有　盗版必究（举报电话：010-57512600）
国家版权局反盗版举报中心（举报电话：12390）　　服务热线：010-57512564

# 序

## 刻进心灵的教育

孟子说:"天下之本在国,国之本在家。"家庭是社会的细胞,只有这个特殊的"细胞"健康了,质量提高了,社会肌体才会健全、健康,所以家庭在社会发展中起着极其重要的作用,可以说,没有一个个健康良好的家庭,就不会有一个健全、有序、高效、发展的社会。

那么家之本又是什么呢?孟子接着告诉我们:家之本在身。这里的"身",指的是每个家庭成员。每个家庭成员尽到了职责,做好了自身,家也就好了,而家好了,国家也就好了,国家好了,天下自然也就太平了。

如何才能最大限度保证每个家庭成员做好自身呢?从深层次上看,个人的修身与其所受的家风有着密不可分的关系。一定程度上,家风保证了一个家庭的文化根基,保证了家庭成员待人接物、为人处世所秉持的标准、原则。

什么是家风?家风也就是所谓的门风,即一个家庭的风气。一个家庭的风气有什么用呢?老舍先生曾说:"从私塾到小学,再到中学……但是我真正的教师,把性格传给我的,是我的母亲。

母亲并不识字，她给我的是生命的教育。"

母亲的勤劳善良、宽厚仁慈、热情好客等美好品质深深刻进了老舍的心灵中，成为滋养他成长的养料，也成为他家风教育的基石。

正如老舍先生所言，母亲给他的是生命的教育。而家风无疑就属于这样的教育，是刻在一个人生命中的烙印，是成长无可替代的绝佳养料。

家训和家规是家风的具化和反映，是祖先父辈制定的关于修身、居家、为人处世的原则，是家族成员要遵守的言行规范，相对于家风来说，它们是有形的、可视的，便于家庭成员照章行事。

旧时，家风是整个家族的精神维系。虽然在日新月异的今天，家族的概念有所淡化，但家风的观念未曾削弱，相反却与时俱进，发挥着重大作用。

我们完全有理由相信，在现代化的今天，只要对传统家风的内容和功用进行合理的调整和修正，它仍然也必然是我们实现和谐家庭生活和维护社会良好秩序不可或缺的"神兵利刃"。

本书以文字＋图解的方式盘点千百年来给我们带来重大影响的那些家风、家训、家规，了解它们是如何影响我们生活的，又是如何与时俱进在当下时代发挥重大作用的，以使它们更好地陶冶我们的性情，提高我们的素质，教育好我们的后代，最终使其成为时代所需要的人。

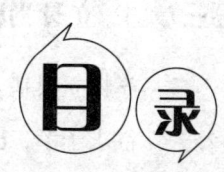

## 德教篇
### 教养之本在养德

**第一章 | 养德是最好的家风**——用"德"延续家运

积德行善，必有福报 \ 005

"五常之德"——仁、义、礼、智、信 \ 009

"三观正"是健康灵魂的根基 \ 015

名门家风——好的家教比钱财更有用 \ 018

**第二章 | 天道酬勤，人道酬诚**——树立正确的价值观

穷养富养不如有教养 \ 023

从力所能及的事做起 \ 027

言忠信，行笃敬 \ 032

诚于自己，不欺内心 \ 036

名门家风——以德为本，以勤为鉴 \ 038

## 第三章 | 立身当以孝悌为先——感恩情怀的培育和发扬

孝悌立根基 \ 043

欲求子孝,己必先慈 \ 047

父母在,可远游 \ 050

让孩子常怀感恩之心 \ 053

**名门家风——孝行不受身份地位所限 \ 057**

## 第四章 | 读书习礼正当时——学与礼的融合和推进

书要读,礼要习 \ 061

礼仪的背后是谦恭 \ 064

"孟母三迁"的启示 \ 067

如何温柔教养 \ 070

**名门家风——读书明理,诗礼传家 \ 073**

# 礼教篇
## 教养之法在养礼

## 第五章 | 餐饮礼仪

长辈先入座 \ 079

吃相的讲究 \ 081

吃着东西不要说话 \ 084

不要在饭桌上当众剔牙 \ 085

正确摆放和使用筷子 \ 086

## 第六章 | 拜访礼仪

带什么礼物合适 \ 091

拜访时间的约定 \ 093

进屋前先敲门 \ 094

座次和入座的讲究 \ 096

做客时不乱翻东西 \ 098

感谢主人的盛情款待 \ 099

聊完后及时礼貌告辞 \ 101

## 第七章 | 迎宾待客礼仪

迎接宾客的礼仪 \ 107

如何正确介绍客人 \ 109

奉茶待客的礼仪 \ 111

敬酒待客的礼仪 \ 113

有礼貌地接受礼物 \ 115

拒绝礼物要委婉温和 \ 117

## 第八章 | 言辞礼仪

言辞的礼仪要求 \ 121

会使用谦语和敬语 \ 123

学会问好和打招呼 \ 127

委婉地表达拒绝之意 \ 128

## 第九章 | 仪态仪表礼仪

合适的场合穿合适的衣服 \ 131

仪态宜庄重 \ 132

站有站相，坐有坐相 \ 134

走姿要优美 \ 136

不要用手随便指人 \ 137

# 心教篇
### 教养之用在养心

## 第十章 | 抱诚守真，与人为善

谨言慎行，择善而从 \ 143

己所不欲，勿施于人 \ 146

如何"温良恭俭让" \ 149

## 第十一章 | 低调做人，高调做事

去除身上的骄妄之气 \ 153

克制欲望，收敛锋芒 \ 155

进退有余，力克盈满 \ 158

## 第十二章 | 美美与共，和而不同

近善远佞，以德交友 \ 163

自律自强，莫做霸凌者 \ 166

教孩子与他人合作之道 \ 169

## 附　录 | 传世家训、家规摘编

颜氏家训 \ 175

温公家范 \ 177

朱子家训 \ 179

曾国藩家书 \ 181

# 德教篇

## 教养之本在养德

良好的品德比优异的成绩更为重要。正所谓"人无德不立",一个人如果没有宽厚的德行做根基,即便学富五车,也无法承载显赫的名声、盈裕的财富以及受人敬重的社会地位。"德"与"才"的关系,如《论语》中所说:"德若水之源,才若水之波。"所以,教养之本首在养德。

前言

# 第一章

## 养德是最好的家风

### ——用"德"延续家运

古人说:"志于道,据于德,依于仁,游于艺。"人应当全面发展,而德行是全面发展的基石,是人之所以为人的前提。曾国藩说:"家运之兴旺,在于和睦、孝道、勤俭。""和睦、孝道、勤俭"都是"德","德"是家风的厚重底色,是教化的重中之重。

# 下篇

## 风寒的试验呈特异

# 积德行善，必有福报

《周易》中讲："积善之家，必有余庆，积不善之家，必有余殃。"意思是，积德行善之家会有好事，而作恶多端的人家，必会遗留许多祸端。显而易见，这是对"德善"的推崇，是对有德之行的高度肯定。

我们常听一句俗语说"富不过三代"，它的完整表述来自《钱氏家训》："道德传家，十代以上，耕读传家次之，诗书传家又次之，富贵传家，不过三代。"意思很明显，以道德、耕读、诗书传家，家族会延续长久，而仅以财富传家，则家族延续短暂。

同样，这也是对"德善"的肯定。善即为"德"，有善即为有德，德行即为善行。网上曾流行这样一段话："人不敬我，是我无才；我不敬人，是我无德；人不容我，是我无能；我不容人，是我无量；人不助我，是我无为；我不助人，是我无善。"

这段话的出处虽已不可考，但其核心思想就是凡事要从自身出发，严于律己，宽以待人，自觉加强自身的德行教育。

"德"和"善"的教育是传统家风中最重要的内容。古人对"德"的看重，直接而热烈。《周易》中曰："地势坤，君子以厚德载物。"《左传》中言:"德,国家之基也。"《弟子规》中说:"泛爱众,而亲仁。"意思就是要广泛地爱大众,但要亲近有仁德的人。

在古人看来,仁德是人一生不变的追求,是安身立命之本,亦是国家存亡的基础。在很大程度上,一个家族的兴盛和荣光的维系靠的是一代一代的积德行善,正所谓"日行一善"。上一辈积累德行并传递给子孙,子孙承袭下来并继续传递,致使家族一代比一代兴旺发达;反之,祖辈不讲德行,不修德,一代一代如此,家族则必将衰亡。

正如上文所述,德行之风的养成是几辈人积累和承袭的结果,是心灵长期浸染的体现,而不是短期的获取,更不能奢望一蹴而就。清代学者张履祥在《杨园先生全集》中写道:"一善在身,幼而行之,长而弗之舍也。善将自其身以及诸人,以及子孙。"大致意思是,从小通过行动养成的善行,长大后也不会被丢弃,同时还会传递给子孙和他人。

所以,德行之风的养成要靠长期的"积累",而不要奢望立竿见影,更不要期待做了一件好事马上就能换来相应福报。当今许多人困惑于"为什么有德者未必有福,而无德者却福寿俱全",这就是把德行看成即时性的"一报还一报"的结果,这样的结论显然是不正确的。

**德教篇**
教养之本在养德

功在当代、利在千秋的德行

　　家族兴旺靠的是一代一代德善的积累和传递，如果祖辈没有积累德善，更没有将德善传递给子孙后代，而子孙同样没有积累德行，那么家族必然无法兴旺，倾覆是早晚的事。

　　放眼望去，历史上那些有影响、家族中多才俊的世家大族，其祖先父辈哪一个不是有德之人！孔子、范仲淹、黄庭坚、曾国藩、梁启超等人的家族，人才辈出，福泽绵长，其原因就在于这些家族将德善之风一代代传承下去，培养了子孙的优良品格，最终换来家族的兴旺。

"德者,得也。"所以不要怀疑德行的效用,更不要教孩子不立德。家庭的好坏习惯是具有传染性的,忠厚传家、诗书继世、礼教子孙,才是正确的家风,才是家长应该做的。

为人父母者,要想让子孙德行傍身,家族兴旺,一定要催其上进,使其向善,注重言传身教,通过自身的言行潜移默化地影响孩子,做好孩子的德行榜样。

给灾区捐物

# "五常之德"——仁、义、礼、智、信

"仁义礼智信"是儒家提倡的做人的五项道德和伦理准则,俗称"五常"(可以理解为五项天长地久的经常性法则),为历代所推崇。孔子最先提出了"仁义礼"三项做人道德准则,"亚圣"孟子添了一项"智",构成"四德",西汉哲学家董仲舒又增添了一项"信",最终变成了"仁义礼智信"五项道德准则。

"仁"指"仁爱",乃人之本心之德。本心之德,即为良心、爱心,就是从本心出发去爱人,即《韩非子·解老》中所言:"仁者,谓其中心欣然爱人也。"

"仁"是交往之德,从二人相处,惠及对方,到与众人相处,惠泽群伦,涵盖的范围很广。《论语》中言"人者,仁也",就是说,人之所以为人,在于人拥有一颗仁爱之心,若无此心,便不具备道德价值,那么就不配称为"人"。可见"仁"是"德"的根本。无"仁"即无"德"。

"义","宜"也,就是适宜的合乎公正、正义的道理,浅白地说,就是合乎道德准则应该做的事。符合"义"准则的事,要当做则做,不符合"义"准则的事,即为"不义",不应当做。

行义之事

古人对"义"看得很重,(孔)子曰:"君子喻于义,小人喻于利,不义而富且贵,于我如浮云。"(孔子说:君子明白大义,小人只懂得小利,通过不义获得的富贵,对于我而言就像天上的浮云。)《孟子·告子上》曰:"生,亦我所欲也;义,亦我所欲也。二者不可得兼,舍生而取义者也。"(生命是我想要的,道义也是我想要的,当两者不能都要时,我舍去生命而选择道义。)

"礼"是"仁"和"义"的外在表现,是对二者的具体规定,既是一种行为规范,又是一种道德约束。长幼有序,言行有度,处事有规,即为"有礼"。《荀子·修身》中曰:"人无礼则不生,事无礼则不成,国家无礼则不宁。"(人没有礼法就生存不了;事情没有礼法就做不成;国家没有礼法就安定不了。)《论语·颜渊》中说:"非礼勿视,非礼勿听,非礼勿言,非礼勿动。"(违背礼的事

**德教篇**
*教养之本在养德*

不看,违背礼的事不听,违背礼的事不说,违背礼的事不做。)从中可见,在古人心目中,"礼"有多重要。

"智",即"知"也,就是明白事情是非、曲直、虚妄的真相,也就是去除心中疑惑的智慧。《论语》中说:"知者不惑,仁者不忧,勇者不惧。"这里的"知"其实就是"智"。

"信",就是诚心、诚实、诚信,不狂妄,不欺诈,信守诺言,"言出由衷,始终不渝",重视声誉。实际上,早在春秋时期,孔子就提出了"信"的理论,到汉武帝时期,董仲舒首次把"信"列入"五常"之中,成为我国传统文化核心价值观的重要内容。

从本质上看,"仁义礼智信"都在"德"的范畴内,都是"德"的重要内容,可以称之为"五常之德",即:"仁之德""义之德""礼之德""智之德""信之德"。

在现代社会,"仁义礼智信"具化为下列八种美德:

和善:拥有和善品德的人,能更多地考虑别人的感受,体味别人的生活,关心别人的疾苦。

正直:正直的人为人处世坚持道德原则,不轻易降低标准,且勇于同不良行为做斗争。

诚信:诚信是人的第二个"身份证",讲诚信的人待人真诚,重承诺守信用,一诺千金。

尊重:尊重别人的人能平等待人,不歧视人,更不会对别人进行辱骂或使用暴力。

节制:有节制的人更懂得如何控制自己的欲望,做事有礼有节,遇事不冲动。

礼貌:有礼貌的人懂得理解人、尊重人,知道换位思考,能主动遵守人际交往的礼仪规范。

同情：具有同情心的人能更好地对他人的遭遇产生共鸣，同时愿意尽己所能帮助对方。

宽容：宽容的人心胸宽广，有涵养、有气量，不苛待他人，愿意站在对方的角度设身处地为对方着想，同时也更懂得肯定和欣赏他人。

行走于社会中，如果"不仁不义""无礼少信"，道德沦丧，那么势必要跌入人性的深渊，行事会处处受阻，最终难以立足，甚至可能影响到子孙后代。

仁

**德教篇**

教养之本在养德

义

礼

赢在教养
图解那些世代相传不可移易的家风·家训·家规

智

信

# "三观正"是健康灵魂的根基

"三观"指人的世界观、人生观、价值观。世界观是人对世界以及对人与世界关系的看法和观点。人生观是人对人生的目标及意义,还有对人生的道路、生活方式的整体看法和根本观点。价值观是人对客观事物存在的意义、重要性的总体看法。

"三观"具有多元性。不同的人,"三观"多半不同,至少会有稍许差异。我们常说的"三观正",是指一个人的世界观、人生观、价值观与社会公认的道德标准和价值观相吻合,具有正确的道德判断和行为准则。而"三观不正"则表示一个人的"三观"有悖于社会公认的道德标准和价值观念,同时缺乏正确的道德判断和行为准则。

具体来看,"三观正"的人懂得尊重他人,爱家爱国,有责任心,讲伦理,爱财却坚守取之有道的底线;而"三观不正"的人自私自利,缺乏担当,为达目的不择手段,缺乏同情心。

一个人"三观"的树立与这个人所接受的道德教育有着非常紧密的联系。"德"的教育会从根本上影响"三观"的形成。如果"德"的教育不成功,偏离正确的轨道,就无法形成正确的"三观",

或者"三观"会发生扭曲。比如从小接受了"人不为己，天诛地灭"的教育，长大后就容易形成自私自利的人生观。

"三观"是一个人"德行教育"的外在反映，是家风的重要展示"窗口"。一定程度上，了解了一个人的"三观"，便可大致了解到他的家风。没有一个好的家风，没有接受过好的"德行"教育，是无法树立起正确的世界观、人生观和价值观的。因此，一个人的"三观正"，很大程度上可以说明这个人的德行好，家风淳厚。

大人要做孩子的榜样

德教篇
教养之本在养德

有人说,"推动摇篮的手也是推动世界的手","父母三观正,是一个家庭最大的福气"。其中的原因不难明白,因为父母"三观正",为人处世讲究"以德服人",孩子就会受其影响、熏陶,最终形成好的品性。因此,可以说,"三观正"是健康灵魂的根基。

需要注意的是,道德培养是分阶段、循序渐进的。在教化孩子的过程中,大人一方面要提高自身修养,做好孩子效仿的榜样;另一方面要遵循科学规律,不要急于求成,在言传身教中,潜移默化地影响和熏陶孩子。

# 名门家风

## ——好的家教比钱财更有用

一代儒臣林则徐曾写了一副发人深省的对联:"子孙若如我,留钱做什么?贤而多财,则损其志。子孙不如我,留钱做什么?愚而多财,益增其过。"大致意思是,子孙若像我,就没有必要留钱给他们。贤能却拥有过多钱财,只会消磨他们的斗志。若子孙不如我,也没有必要留钱给他们。愚钝却拥有过多钱财,只会增加他们的过失。

林则徐五十四岁的时候写下流传后世的"十无益"家训。这则家训既是林则徐对自己修行的提醒和警诫,亦是对孩子训诫的纲要。"十无益"具体内容如下:

存心不善,风水无益;不孝父母,奉神无益;兄弟不和,交友无益;行止不端,读书无益;心高气傲,博学无益;作事乖张,聪明无益;不惜元气,服药无益;时运不通,妄求无益;妄取人财,布施无益;淫恶肆欲,阴鸷无益。

从中不难看出林则徐的教子观,那就是轻财重德。出身于平

民之家的林则徐淡泊名利、勤勉仁爱。身受父母言传身教影响的他在教育后代时也秉承了"超然物外"的家风。

道光年间,几乎哪里出现了棘手的问题,林则徐就会被委派到哪里去"平息"。林则徐担任的都是要职,位高权重,但是他从来不借此为自己谋私利。他赴广州走马上任钦差大臣时,写信给妻子,让妻子告诫两个儿子,不可依仗他的权力,干预地方之事。

林则徐的长子林汝舟在成为翰林院庶吉士(明清时皇帝近臣)时,林则徐写信给儿子特别强调:"服官时应时时作归计,勿贪利禄,勿恋权位。"

在林则徐看来,家风、家教是一个家庭最为宝贵的财富,是留给子孙后代最好的遗产。钱财再有用,也不如多积德行善。没有德行的守护,财产只会"益增其过",只有道德传家,方能造福子孙,家族也才能永炽永昌。

# 第二章

## 天道酬勤，人道酬诚

——树立正确的价值观

李商隐在《咏史》中写道："历览前贤国与家，成由勤俭破由奢。"可以说，小到一个家庭，大到一个国家，莫不是因勤俭而盛，因奢侈而衰。《孟子》中说："诚者，天之道也；思诚者，人之道也。"对个人而言，勤俭与真诚都是不可或缺的。

# 穷养富养不如有教养

孩子，到底是富养好，还是穷养好？这个问题一度困扰了很多父母。对这个问题，仁者见仁，智者见智，各有其道理和依据。客观地说，穷养孩子和富养孩子确实各有优越之处。

穷养孩子的好处在于：

1. 有利于增强孩子的自主性和创造力。穷养孩子的家庭，会让孩子自己处理、解决很多事，在这个过程中，孩子的自主性和创造力得到锻炼，并逐渐获得提高，孩子也会变得更加独立，适应新环境和新情况的能力更强。

2. 有助于正向情感的建立和深化。孩子在独自处理和解决问题的过程中，会更加深切地体会得到和失去，从而有助于其谦虚、感恩、自信、正直、勇敢等正向情感的建立和深化，会更加珍惜自己的生活和身边的人。

富养孩子的好处在于：

1. 有更好的教育和机会，学业优势明显。富养孩子的家庭更舍得在孩子身上投入，孩子由此会获得更好的学习和教育机会，有利于增长孩子的见识、开阔孩子的视野。

2.拥有更好的人际交往状态。富养孩子的家庭往往更注重孩子自尊心和优越感的培养，由此孩子在人际交往和解决问题时会表现出更好的状态。

3.拥有更好的社会关系。由于富养孩子的家庭往往有更好的人脉和社会关系，再加上孩子在社交中表现出来的自信，会让孩子拥有更好的社会关系、更多的发展机会。

但显而易见，无论是穷养孩子，还是富养孩子，都各有一些缺点，或者说不足之处，这是由各自教养方式的局限性导致的。比如穷养出来的孩子通常自信心不足，做事缺乏魄力，由此会错失一些发展良机。另外，穷养的孩子可能因教育上的欠缺，致使眼界、能力不够，客观上会影响自身的发展。

富养的孩子一旦遭遇挫折和失败，容易丧失信心，甚至一蹶不振、自暴自弃。另外，富养的孩子由于生活优渥，可能不懂得勤俭，有懒惰、浪费的习惯，还可能缺乏同情心和感恩心。

由上面的对比可以看出，穷养孩子和富养孩子各有其优点和缺点，至于哪一种教养方式更能让孩子有出息，则不是绝对的，没有统一的标准答案。

英国做过这方面的调查研究。经过长达几十年的跟踪调查，调查人员发现无论是砸钱富养，还是抠门穷养，抑或散养，孩子最终取得的成就和社会地位，远没有想象中差别巨大。

对孩子是否有好的未来，很多家长陷入了一个误区，家庭教育的使命不应以培养有多大出息的孩子为终极目的，而应将让孩子幸福过完这一生视为最高使命。

**德教篇**
教养之本在养德

人生是一段不可重来的旅程，只要孩子过得开心快乐，体会到自己的人生价值就好。父母要做的是，保证孩子能接受正常教育，热爱生活、积极上进即可，而不必强求孩子的未来，更不必过于纠结是富养好还是穷养好。一句话，穷养也好，富养也罢，都要有教养。

富养孩子利于开阔眼界

穷养孩子利于提高韧性

# 从力所能及的事做起

在我国古代,通过读书考取功名,继而进入仕途,是普通人走向人生巅峰的主要途径。在这种情况下,体力劳动自然被轻视,"万般皆下品,惟有读书高"被奉为金玉良言。随着时代的变迁、社会的进步,时至今日,这种旧观念已得到极大的改变,体力劳动不再被轻视。

读书学习涨知识固然重要,但生活能力的学习同样重要。很多事不融入其中,不亲身经历,是无法获得切身感受的。如没有参加长年累月的劳作,就不知道劳动的艰辛,就不知道一粥一饭皆来之不易,更不知道节俭。所以,家长应更重视孩子的生活实践,并加强其生活能力的教育和培养。

对孩子生活能力的教育和培养,要先从对其基本生活自理能力的教育、培养开始。在培养基本的生活自理能力的同时,循序渐进地进行自立、自律、自强教育,如坐立行走的姿势、力所能及的家务劳动、必要的待人接物的礼仪,最终养成各种良好的生活习惯,这些生活实践和能力的教育及培养在孩子成长过程中非常重要。

朱柏庐的《治家格言》首条是:"黎明即起,洒扫庭除,要内外整洁;既昏便息,关锁门户,必亲自检点。"将家族成员勤勉整洁、起居规律作为家规的首要要求,可见其对生活能力的重视程度。

让孩子参与家务劳动

曾国藩十分重视子女的劳动教育,他的家族"以习劳苦为第一要义",成员要"勤理家事",勤奋学习,力戒奢侈懒惰。在其教导下,曾家男子皆会耕田、种菜、养鱼、喂猪,女子皆会洗衣、煮饭、纺织,而且数年如一日,坚持不懈。

要让家庭成为培养孩子生活能力、学会劳动的重要场所。大人要从自身做起,从日常生活小事做起,转变思想,不包办孩子的事,放手让孩子去做自己该做的事,给孩子参与劳动的机会,有计划、循序渐进地给孩子安排力所能及的家务劳动。

需要注意的是,在孩子参与家务劳动的过程中,不要打击孩子劳动的热情。只要孩子认真做了,即便没做好,搞砸了,也不要责备,更不要就此"掐断"孩子的劳动实践之路。

下面是一份各年龄段儿童家务劳动清单,可以参考借鉴一下。

幼儿园(3~6岁)家务劳动清单

| | |
|---|---|
| 1 | 熟练地用勺子吃饭 |
| 2 | 将玩过的玩具放回原处 |
| 3 | 帮大人丢垃圾 |
| 4 | 给宠物添食物 |
| 5 | 把穿过的衣服放进洗衣篓 |
| 6 | 擦桌子的灰尘 |

## 一年级（6~8岁）家务劳动清单

| | |
|---|---|
| 1 | 洗自己的小袜子、红领巾 |
| 2 | 会扫地 |
| 3 | 会晾晒衣服 |
| 4 | 帮大人摆放碗筷 |
| 5 | 会洗水果 |
| 6 | 收纳整理玩具 |
| 7 | 会整理自己的书包 |

## 二年级（7~9岁）家务劳动清单

| | |
|---|---|
| 1 | 会洗自己的内衣 |
| 2 | 学会系鞋带 |
| 3 | 会整理自己的学习桌 |
| 4 | 饭前摆放餐具，饭后收拾桌子 |
| 5 | 帮大人择菜、洗菜 |
| 6 | 叠衣服、被褥 |

三年级（8~10岁）家务劳动清单

| | |
|---|---|
| 1 | 将衣服叠好，并分类收纳 |
| 2 | 用拖把拖地 |
| 3 | 饭后收拾碗筷并洗餐具 |
| 4 | 整理自己的床铺 |
| 5 | 进行简单垃圾分类 |

四年级（9~11岁）家务劳动清单

| | |
|---|---|
| 1 | 清洗个人衣物 |
| 2 | 换床单、被套 |
| 3 | 规范使用家电 |
| 4 | 会整理、分类收纳衣物 |
| 5 | 打扫房间，整理床铺 |

五年级至六年级（10~13岁）家务劳动清单

| | |
|---|---|
| 1 | 对家里进行扫除 |
| 2 | 清洁厨房用具 |
| 3 | 按购物清单购物 |
| 4 | 会用洗衣机清洗衣物 |
| 5 | 给植物定期浇水、修剪 |
| 6 | 参与社区环境清洁美化工作 |

# 言忠信，行笃敬

诚信体现了一个人的素养，是家风建设的重要内容。古人对诚信十分注重，很多人都熟知的"曾参杀猪"的故事就是个极好的诚信教育的例子。

曾参之妻出门买菜，曾参的儿子曾元跟在后面，边哭边嚷着要跟着去。曾参的妻子对儿子说：你在家好好待着，等回来杀猪炖肉给你吃。曾元见有肉吃，就不再纠缠妈妈了。等妻子从集市回来，曾参就准备抓猪杀。妻子急忙阻止丈夫："我不过是哄哄儿子，你怎么当真了。"曾参马上说："怎么可以与儿子开玩笑呢？儿子年纪尚小，只知道跟父母学，听从父母的教导。现在你哄骗了他，就是在教他欺骗啊！母亲失信于儿子，儿子就不会再相信母亲了，这不是好的教育孩子的方法呀！"说完，曾参就杀猪炖肉给儿子吃。

孩子如同一张白纸，纯洁无瑕，父母和生活在这张"纸"上如何晕染、勾画，孩子就会呈现什么样子。父母如果不能兑现自己的许诺，就会让孩子误认为话是可以随意说的，人是可以随意骗的，那么他就会转而欺骗他人。"大人就是这么做的，我这么做有什么不对？"

"诚"既体现在对待他人上，也体现在对待自己上。对自己的表现就是不自欺。不自欺可以说是诚信的高端体现。季札赠剑就是个典型的例子。

季札受命出使晋国，途经徐国时，听说徐国国君治国有方，于是就顺便拜访了徐国国君。在欢迎宴会中，徐国国君相中了季札随身佩带的宝剑，但是没好意思开口索要。

季札从对方的眼神中洞悉了对方的想法，但由于出使任务还没有完成，还需要宝剑（当时出使他国佩带宝剑是一种必要的礼仪），也就没有献上宝剑，但在心里已经许诺将此剑赠给对方了。

等季札完成出使任务返回时，惊悉徐国国君已经过世。季札特意来到徐国国君的墓前，将宝剑挂在徐国国君墓旁的树上，然后转身离去。

虽然没有说出口，但是心里已做了承诺。既然做了承诺，就要兑现。坚持本心，这就是不自欺，就是讲诚信。诚信是一个人的基本品质，是立身之本，不诚不信，就难以立身。

《袁氏世范·处己》中说："言忠信，行笃敬，乃圣人教人取重于乡曲之术。……不所许诺，纤毫必偿，有所期约，时刻不易，所谓信也。处事近厚，处心诚实，所谓笃也。"

这段话的大意是，言论要讲究诚信，行为要讲究笃敬。这是圣人教人们取得乡里人敬重的方法。不轻易许诺，一旦许诺了，即便是一丝一毫的小事，也要有所交代。一旦约定好了时间，就是一时一刻也不要延误耽搁，这就是人们所谓的"信"。与人相处，交流往来，内心要真诚敦厚，这就是人们所谓的"笃"。

忠于自己的内心

总之，语言上做到诚信的同时，行为上也要做到敦厚恭敬，不张扬，不欺诈，待人谦恭，而不是语言谦和，行事乖张。只要言行保持了一致，就可能获得好的效果。

诚信的品质需要从小培养。当发现孩子言行不一致时，要及时弄清楚孩子撒谎背后的原因，然后就具体原因采取相应的措施，最终让孩子明白说话做事要言行一致、表里如一的道理。当然，平时尽量别给孩子撒谎的机会，因为治病救人远不如身体无疾。

# 诚于自己，不欺内心

《弟子规》中说："凡出言，信为先。诈与妄，奚可焉。"意思就是，只要说出口的话，都应该首先讲究信用，欺诈与妄语，无论如何是不可行的。显然这是在倡导做人要讲究诚信。

看下面这个例子：

许衡是元代著名思想家、教育家，自幼好学，喜欢钻研。一次他外出办事，天气炎热，走得口干舌燥。正巧路旁有棵梨树，上面结满了梨子。同行的人都高兴地飞跑上去摘梨解渴，只有许衡不为所动。众人很奇怪，就问他为什么不去摘梨吃。

许衡说："非己之梨，岂能乱摘！"有人说："如今纷乱四起，梨树哪有什么主人，尽管摘着吃！"许衡马上回应："梨虽无主，我心有主。"

好一个"梨虽无主，我心有主"。梨虽然可能没有主人，但是在我心中，它却是有主的。这正是"义士不欺心，廉士不妄取"。

这个故事高度体现了一个人的诚信。诚信是分等级的。在古人看来，一个人如果能做到诚实、不骗人，说出口的话能信守承诺，那他的诚信等级是二等，B级；如果既能做到不骗人，信守承诺，又能做到忠诚于自己的内心,在没人知道的情况下,也能坚守原则,不欺心,那他的诚信等级就是一等,A级。

实际上,诚于自己,不欺暗室,在无人知晓的情况下能坚守原则,也就是古人所说的慎独。慎独可理解为独处时不放松对自己的要求,能自觉遵守各种道德标准。显然这是一种高级别的"忠诚",是真正表里如一的忠诚,正如《礼记·大学》中所说:"此谓诚于中,形于外,故君子必慎其独也。"这才是真正做到了知行合一。

许衡的成功与他这种高度的忠诚和自律息息相关。许家的后世子孙也在许衡的影响下严于律己,成为有操守的人。

诚信是衡量一个人品行的重要标准。如果一个人不讲究诚信,外欺他人内欺自己,那么即便能力再强,其他条件再优越,也不会成就一番事业。不要总以为自己很聪明,能瞒天过海,岂知骗得了一时骗不了一世,骗得了别人骗不了自己,天知地知你知我知,纸终究包不住火,所以做人坦坦荡荡才是正道。

恶行就像一粒种子,一旦埋下,就会生根发芽。解决的办法就是铲除恶行赖以生存的土壤。诚信之品行,要从小培养和建立。父母作为孩子的启蒙老师,要给孩子树立诚信的榜样,做到言必信、行必果,努力培育适合孩子成长的诚信土壤。

# 名门家风

## ——以德为本,以勤为鉴

曾国藩是晚清重臣,他在中国近代史上有着重要的地位,被誉为中国近代著名政治家、思想家、军事家、理学家、外交家、实业家、改革家等等。曾国藩不仅在政治和军事上建有功勋,在家庭和教育上也独树一帜,并取得了丰硕的成果。

曾国藩一生恪守儒家"仁义礼智信"的道德信条,对自身要求十分严苛,他也将这种要求转移到了子孙后代身上,通过写信的方式将关于修身、治家、处世的理念告诉家人。

曾氏家风涵盖的内容非常广泛,涉及修身、持家、交友、治学、为官、理财、带兵等各个方面,其核心可概括为两点:一是"以德为本";二是"以勤为鉴"。

以德为本,是曾国藩对自己和家族成员最切实和最基本的要求。与很多人想的不一样,曾国藩并不希望子孙后代入仕当官。他认为,官宦之家,家道不易长久,富贵易生骄逸,骄逸必致家道破败。由此,他在给弟弟的信中说:"吾细思凡天下官宦之家,多只一代享用便尽……"

在曾国藩看来,仁德加身、堂堂正正做人才是为人处世和修身兴家之道。曾国藩在给儿子的信中说:"尔当知道,天下之事,无非是忠孝仁义而已。忠孝仁义之外,皆属于小节。"在他的家书中,关于修身立德的教育观念随处可见。

曾国藩是个极勤快的人,虽然每天公务繁忙,但从不放松读书学习。他认为拥有天赋的人少之又少,要想有所成就,非"勤"不可,自己就是靠勤奋成功最好的例子。为此,他要求子孙勤俭持家,努力治学。在给弟弟的信中他说:"诸弟在家,总宜教子侄守勤敬。吾在外既有权势,则家中子弟最易流于骄,流于佚,二字皆败家之道也。"他要求家族的女眷以勤劳为荣,勿以贵妇自居。他还要求三个女儿每人每年做一双鞋寄给他,要求儿子保持勤俭的生活习惯。他提出"五勤"——身勤、眼勤、口勤、手勤、心勤,作为为官为人的标准。

就是在曾国藩的严格要求下,曾氏子孙恪守家风,洁身自律,积极上进,家族内才俊辈出,二百余众,未有一个败家之子。

# 第三章

## 立身当以孝悌为先

——感恩情怀的培育和发扬

孝悌是仁之本,更是家道之本,是最具代表性的中华传统美德,已经沉淀为中华民族的精神基因。由此,立身当以孝悌为先。由孝悌拓展到感恩是更广泛层面的养德,需要我们从一点一滴做起。

## 孝悌立根基

正所谓"诗书传家久,孝悌立根基",中国传统家风历来重视孝悌的培育和教化,强调"孝悌,仁之本也"(孝悌是仁爱的根本和主要内容)。

历朝历代,都有惩治不孝的严律。北齐时总结概括出来的"重罪十条"是对十种最严重犯罪的认定以及予以严厉制裁的制度,这十种罪属于十恶不赦之重罪,"不孝罪"就是其中之一。隋唐至明清的律法,在此基础上形成"十恶"制度,其中,"不孝罪"是"十恶罪"中的第七罪。

与此相应,孝道文化在社会、家庭的范畴内得到了高度的颂扬,"百善孝为先""人之行莫大于孝""小孝治家、中孝治业、大孝治国"等类似的训诫成为家风、家训的重要内容,且无论时代怎样变迁,"孝"的这种至高地位未曾有丝毫的动摇。

给奶奶捶背

　　孝悌实际上是两个概念：孝，指晚辈孝敬长辈，最常见的是子女孝敬父母；悌，指敬爱兄长，体现为家庭内兄弟姊妹之间的尊重和爱护。圣人孔子非常重视孝悌，认为孝悌是最基本的品德，是做人、做学问的根本，是家和万事兴的立足点。

　　人的仁爱之心，首先就体现在家庭中，体现在浓浓的亲情之中。亲情关系是家庭关系的核心和根本。而亲情关系的根本又在于家庭成员有一颗仁爱之心，具体说是有一颗孝悌之心。

　　在传统孝道中，孝敬父母通常要做到六个方面：一是敬爱父母；二是奉养父母；三是侍疾，就是父母生病的话，要精心照顾；四是立身，就是要努力成就一番事业，一生碌碌无为也是对父母的不孝；五是谏诤，就是当父母做得不对的时候，要出言提醒；六是善终，就是照料父母的晚年，直至父母离世。

孝有大小之分，对父母长辈孝敬，使之衣食无忧，是为小孝；荣显父母养育教诲之恩，使其精神愉悦，获得尊重，是为大孝。对此，孔子曾严肃地说："今之孝者，是谓能养。至于犬马，皆能有养。不敬，何以别乎？"

孝悌体现在生活的方方面面，如细心服侍父母，有好吃的请长辈先吃，对长辈说话和颜悦色，长辈呼叫要马上回应，记住长辈的生日，帮家里干活，尊重哥哥姐姐，等等。

《弟子规》中详细地罗列出了"孝"的方方面面：父母呼，应勿缓；父母命，行勿懒；父母教，须敬听；父母责，须顺承；……亲有疾，药先尝；昼夜侍，不离床；丧三年，常悲咽；居处变，酒肉绝；丧尽礼，祭尽诚；事死者，如事生。

现在很多人要经常远行，或者去外地求学，或者探亲访友，或者去周游世界，无论去做什么，离家之前都要向长辈，特别是父母说明情况，告诉他们远行的目的、时间、地址以及行程，这就是孔子所说的"父母在，不远游，游必有方"。这看似与孝无关，但实际上也是孝的一种具体表现。"儿行千里母担忧"，主动消除父母的担心自然是"孝"。

总之，要把孝悌当作首要家风去培育和弘扬，大人们要做好孩子的榜样，言传身教润泽教化，让孝道之风世世代代绵延下去。

身体力行做家务

# 欲求子孝，己必先慈

良好的家风离不开每个家庭成员的付出，这就要求每个家庭成员都要努力提高自身修养。只有自身素养提高上去了，才能对家庭的其他成员提出要求，作为长辈更应做晚辈效仿的榜样，营造良好的家庭氛围，以上带下，最终上行下效，形成合力。

颜延之在《御览》中言"欲求子孝必先慈"（想要子女孝顺，父母就要先做到慈爱），就父母的德行提出了要求。司马光在《家范》中说："父慈而教，子孝而箴，兄爱而友，弟敬而顺。"大意是，父亲慈爱进行教导，儿子孝敬听从规劝，兄长友爱待人平等，弟则尊敬又顺从。也就是要想让子女听从教导，父母要先做好榜样。

这里有个反面的例子可作为警示。

郑庄公的母亲武姜生庄公时难产，受到惊吓，因此不太喜欢这个长子；生小儿子叔段顺产，因而偏爱小儿子。武姜多次请求郑武公改立叔段为太子，但郑武公始终没有同意。

郑庄公继位后，武姜让庄公把京邑之地封给弟弟叔段，庄公照做了。叔段在封地聚集民众，修造盔甲武器，为谋反做准备。

对此，郑庄公心知肚明，却没有说破，也没有采取行动。他想再给母亲和弟弟一次改过的机会。后来叔段起兵偷袭郑国都城，武姜计划在城里为小儿子偷偷打开城门。可是郑庄公抢先一步动了手，叔段被打败逃回封地京邑。

对母亲这样偏袒弟弟，郑庄公很生气，因此在平定叔段叛乱后，他将母亲安置在城颍（今河南临颍县西北），并且发誓说："不到黄泉，不再相见！"至此，武姜方追悔莫及。

只有先正己身，方能对他人提出相应要求。自己应该做的，却没有做到，或者做错了、做偏了，这种情况下对他人提出要求，自然不会获得好的效果。

虽然孝顺不一定非要以慈爱为前提，但是慈爱确实有助于培植孝心。自己不和善，别人也自然不会以和善回应，这是十分正常的事。现在有些人，包括一些父母对孩子，对兄弟姐妹，甚至对自己的父母言语不敬，恶语相向。在自己没有做到慈爱、友善的本分时，却要求孩子行孝，试问如何能做到？

《颜氏家训》中说："父不慈则子不孝，兄不友则弟不恭。"因此想让孩子成为一个有孝心、行孝道的人，那么首先自己就要做到慈爱、友善。例如妈妈微笑着给奶奶捶背，引导孩子照着做，孩子往往会看在眼里记在心上。当发现孩子有"不孝"的行为时，如对人言语不敬、大发脾气、冲撞长辈，要及时纠正。

此外，还要设法激发出孩子的关爱和同情之心。平时见到需要帮助的人，大人可引导孩子换位思维，引发孩子的同情心，进而引导孩子提供力所能及的帮助，久而久之，孩子就能养成尊老爱幼、关爱他人的好品质。

**德教篇**
教养之本在养德

妈妈微笑着给奶奶捶背

# 父母在，可远游

我国自古有"父母在，不远游"的说法，对这一说法，多年来人们争论不休，形成了两种鲜明对立的观点。支持此说法的人认为，父母养育我们长大成人，付出了很多，在需要我们尽孝的时候，我们怎么能远离他们。正所谓："你养我小，我养你老，你陪我长大，我陪你变老！"一旦远行，就无法照顾父母，所以，父母在，不远游。

反对该观点的人认为，父母含辛茹苦养育了我们，不是让我们守在他们身边，而是希望我们志在四方，出人头地。守在父母身边确实方便照顾，可是成就一番事业，让父母精神愉悦才是他们最想看到的。外面的世界丰富多彩，是我们施展才华的地方。再说了，在外面也可以找机会把父母接出来，所以，父母在，可远游。

实际上这句话还有下半句，全句是："子曰：父母在，不远游，游必有方。"这句话出自《论语·里仁》，大致意思是，父母在世，不出远门，如果出远门要告知所去的地方。只谈"父母在，不远游"，在一定程度上属于断章取义。

**德教篇**
教养之本在养德

实际上，出门前要告知，不限于出远门，就是在家门口玩一会儿，去驿站取个快递，去超市购物，出门前也要告知家里人，特别是小孩子出门更要这样做。所以《弟子规》中说"出必告"。"出必告"一是让家里人知道你去哪儿了，二是体现了对家人的尊重。

与"出必告"相对应的是"返必面"，就是从外面回来要跟家里人打个照面，让家里人知道你回来了，目的是让家里人放心。

从外面返家，面见父母报平安

要全面理解"游必有方","方"既指方向、地方,也指方法,而且更倾向于后者。可分为两种情况:在父母身体康健不需要照顾的时候远游,出门前要告知自己远游的方向、去处以及路线,让父母放心;在父母需要照顾时远游,要制订出照顾父母的"方法",在父母得到妥善的照顾后,方可出门远游。

在这里,孔子主要强调两点:一是为人子女者,应奉养并孝敬父母;二是在安排好父母的生活后,可以出门远游。出门前,要将相关情况告知父母。《弟子规》中说:"出必告,反必面。"外出时要告知父母,归来后要面见父母,主要是不要让父母担心牵挂。

由此看来,绝对化理解这句话是不对的,子女是否能远游,要视具体情况。总的来说,在父母得到很好照顾的情况下是可以出门远游的,也有必要去外面的世界看一看、闯一闯,开阔一下眼界,找寻机会实现人生梦想。

在世界经济一体化的现代,地球已经变为"地球村",如果再执意蜗居在父母身边,不舍离开,不敢离开,势必会影响人生的发展。作为父母,也要转变思想,把目光放长远,鼓励孩子勇敢走出去。当然,如果不具备相应条件,或者没有必要,也不是非要出去。

# 让孩子常怀感恩之心

本质上看，孝悌文化，实际上是一种感恩文化，是对父母和兄弟姐妹的一种感恩回馈。

父母对孩子的恩情自不用多言，说深似海、大如天，丝毫不为过。孩子因父母而始有生命，无论将来生活得好与坏，都是一种不可重复的体验。《孝经·开宗明义》中说："身体发肤，受之父母，不敢毁伤，孝之始也。"

一母同胞的兄弟姐妹血浓于水，是一种天大的缘分。《颜氏家训·兄弟篇》中说："兄弟者，分形连气之人也。""二亲既殁，兄弟相顾，当如形之与影，声之与响；爱先人之遗体，惜己身之分气，非兄弟何念哉？"大致意思是，父母离开人世后，兄弟之间应相互关照，就如同形和影、声和响一样亲密，互相爱护父母所给予的躯体，珍惜由父母那里而来的血缘关系，这就是兄弟的情分，如果不是兄弟，谁还会如此这样互相爱怜呢？

《范文正公家训》中说："孝道当竭力，忠勇表丹诚；兄弟互相助，慈悲无过境。"意思是：要竭尽全力履行孝道，用忠诚勇敢的行动表达赤诚之心；兄弟之间要相互帮助，慈悲没有界限。这都是告诉我们要珍惜一母同胞的情分。

弟弟跌倒,哥哥急忙上前搀扶

对父母和兄弟姐妹的情分,在懂得珍惜和爱护的同时,更要懂得及时予以回报,这是孝悌的根本,是亲情的体现,是和谐友爱家庭关系的起点,也是家风教育的重点。

孩子的感恩之心不是天生就有的,需要从小培养。儿童虽然不懂大道理,但善于模仿,所以大人一定要加强引导,并做好孩子效仿的榜样,具体可从三方面进行。

一是身体力行,在言传身教中影响、教化孩子。比如平时孝顺老人，关爱家人。目前，我国已进入老龄化社会，很多家庭三世同堂，甚至四世同堂。父母如何对待老人，将会影响孩子对孝的看法，聪明的家长应该知道如何树立这个榜样。家长平时可以多给孩子讲一些关于感恩的故事，在话语间多谈及感恩话题，借此唤起和强化孩子感恩的心理。

二是给孩子创造感恩的机会。学校开展的"为父母做饭""我是家务小能手"等实践活动，在一定程度上，就是在给孩子创造感恩的机会。

三是及时鼓励孩子的感恩行为。比如孩子主动帮姥姥扫地、扶奶奶下楼等，要及时肯定并鼓励这种行为，以此来强化孩子的感恩心理。

要让孩子主动做家务

很多孩子虽然内心清楚大人为家、为自己付出了很多，也知道要予以回报，却迟迟不付诸行动，认为一切都还来得及，以后再回报也不迟。这种行为不对，要把对父母的感激、感谢化为平时的嘘寒问暖，化为每一次的家务劳动。如果漠视父母的付出，或者把回报推到将来，久而久之，就会真的漠视父母的付出，心理上也会变得漠然。

# 名门家风

## ——孝行不受身份地位所限

黄庭坚是北宋著名政治家、书法家和诗人。从小聪慧过人，勤奋好学，1067年，进京参加科举考试，一举中第，金榜题名，从此步入仕途。

黄庭坚深受家风、家规的影响，自幼对父母极为孝顺。他的曾祖父黄中理主持制定的《黄氏家规》（世称"黄金家规"），对行孝、为友、从业、求学等方面进行了十分详细的规定，其中要求："人有祖宗，犹水木之有本源，不可忘也"（对祖宗不可忘也）；"父母罔极之恩，同于天地。凡我子姓亲存者，务宜随分敬养"（对父母务宜孝也；对兄弟姐妹，须互助也）。

黄庭坚公务繁忙，十分辛苦，但他没有因此而忽略对母亲的照顾与关心。凡事关父母之事，他都努力做好。虽然家里有仆人，但是他坚持亲自照料母亲的生活，数十年如一日。他担心仆人所做达不到母亲的要求，就亲自为母亲刷洗便桶，数十年从不间断。

有人不理解，就问他："您身为朝廷命官，家里又有仆人，为什么还要亲自做那些杂细的家务，甚至连洗刷便桶这样卑贱的事都要去做？"黄庭坚正色回答道："孝顺父母是子女应做的事，和身份地位没有关系，和有无仆人也没有关系，更谈不上卑贱。"

黄庭坚"涤亲溺器"被列入中国古代《二十四孝》，成为影响后人的典范。苏轼由此称赞黄庭坚："孝友之行，追配古人。"

在黄庭坚看来，遗子万金不如教之敦睦。他在晚年写了一篇《家戒》，告诫子孙："无以小财为争，无以小事为仇"；"无以猜忌为心，无以有无为怀"；"无尔我之辨，无多寡之嫌，无私贪之欲，无横费之财，仓箱共目而敛之，金帛共力而收之"。族人之间若相互谦让、体谅、关怀，和睦相亲，则家族必能子孙荣昌、世继无穷。

# 第四章

## 读书习礼正当时

——学与礼的融合和推进

诗礼传家,始自孔子"庭训教子",时至今日,依旧具有巨大的教育意义。不读书,无以言;不学礼,无以立。礼的背后是谦恭,是和善,是教养,是美德。读书习礼应成为我们生活的主旋律,无论何时,我们都应坚持读书,坚持习礼。

# 书要读,礼要习

有一句老话说:"几百年人家无非积善,第一等好事只是读书。"宋真宗在《励学篇》中说"书中自有千钟粟""书中自有黄金屋""书中自有颜如玉",言外之意就是你想要的书中都有,可见古人对读书的重视。理学家朱熹有四句治家名言:"读书(乃)起家之本,循理保家之本,和顺齐家之本,勤俭治家之本。""读书乃起家之本"被列为四句之首。《论语》的首篇首章,立于一个"学"字:"学而时习之,不亦说乎?"古人对读书的看重,不言自明。

孔子教子学诗学礼,被后人称为"庭训",千百年来传为美谈,称其为"诗礼传家"。

一日,孔子在庭院中独自站着,孔鲤(孔子的儿子)小步走过。孔子叫住了儿子,问他学习了《诗经》没有。孔鲤回答说还没有。孔子就对孔鲤说,不学习《诗经》,就没有办法和人对话。于是孔鲤就退回去学习《诗经》。

又一日,孔子依旧在庭院独立,孔鲤又一次从院里经过,孔子再一次将儿子叫住,问他学习《礼》了没有。孔鲤说没有。孔子又教育儿子说,不学习《礼》,就难以立身于世。于是孔鲤退回去学习《礼》。

人不是生而聪慧的,要想有所知,就要学习,正所谓读书明理是也,如同欧阳修所说:"玉不琢,不成器;人不学,不知道。人之性,因物则迁,不学,则舍君子而为小人……"知识是无穷尽的,所以要不停地学习。

现代社会已进入一个飞速发展的时期,信息量爆炸式增长,技术突飞猛进,每天都有新的知识和技能产生。为了不被时代抛弃,需要每天学习,学习成了一辈子的事。

坚持学习

**德教篇**
教养之本在养德

读书是获得知识最便捷、最经济的路径。它在很大程度上快速拉近我们与世界、与时代的距离。不读书不明理,不读书不知礼,不读书路难行,所以坚持读书成了我们重要的家风。

实际上,从古至今,中国的家长一直都非常重视读书家风的塑造和培育,"诗书传家""耕读传家"者众,才让中华五千年文明延续至今,且兴盛不衰。

书是必读的,而礼也是必行的,《论语·颜渊》中说:"非礼勿视,非礼勿听,非礼勿言,非礼勿动。"礼是"仁爱"的外在表现形式,脱离了"礼"的"仁爱",是难以展现的。人不但要学习"礼"的具体形式,更要懂得礼仪背后的精神与含义。古人深知此理,把教育的理念糅合进礼仪的规范之中,让孩子天天学习,日日实践。

古人认为,做到了"礼"要求做的事,才能处理好社会、家庭和职场中的各种关系。无数的事实告诉我们,一个不懂礼,不践行必要礼节的人是很难在社会上立身处世的。无"礼"寸步难行,古今中外皆如此。

时至今日,虽然有些礼制规范已经不合时宜,但并不是说现代社会不需要"礼"了。相反,礼的内在原则与精神,以及展现方式依然具有非常重要的地位和价值,现代社会依然是"不学礼,无以立",毕竟人类社会是文明社会,"礼"是不可或缺的。

## 礼仪的背后是谦恭

伯禽是周公旦的长子,他连续三次去拜见父亲,却接连被打了三次。伯禽有些糊涂,不知道父亲因何生气,同去的小叔康叔也不清楚问题出在哪里。康叔建议去问问贤人商子,于是叔侄二人肩并肩去见贤人商子。

见到商子后,康叔尚未开口,伯禽抢先将来意讲明。商子听后,说:"南山的南边有棵乔树,你们去看看。"康叔和伯禽不解其意,可还是遵从商子的话去了南山。在南山的南边,他们找到了那株挺拔、高大的乔树。两人仰视大树,感慨了一番。

回来后,商子又让叔侄二人去南山的北边寻找一棵梓树。于是两人又来到南山的北边找到了那棵梓树。与高大挺拔的乔树相反,梓树又矮小又弯曲。两人回来后,将观察到的情况告诉了商子。

商子听后语重心长地对伯禽说:"乔树就好比父亲、长辈,而梓树好比儿子、晚辈。你该向梓树学一学,那才合乎礼仪之道呀!"

听到这里,伯禽恍然大悟。他想到三次去见父亲,都是和小叔肩并肩,说说笑笑、大摇大摆进门的。见了父亲,也没有依礼向父亲行礼问安,只是象征性地拱了拱手躬身一下。这么看来,自己失礼挨打，实在不冤。

谦卑要发自内心

事实上，伯禽因行事乖张，缺少必要的"恭敬之心"而被打，委实一点儿不冤。

谦恭和礼仪是相辅相成的。内在的谦恭会化作外在的礼仪。正如《礼记正义》中所说："在貌为恭，在心为敬。"在与人交往的过程中，保持内心的谦恭是前提条件，只有保持必要的谦恭之心，外在的礼仪看起来才会真诚自然。

谦恭和礼仪要合二为一。如果只有内在的谦恭而没有外在的礼仪，会让人觉得傲慢无礼，进而影响双方的关系。而如果只有外在的礼仪而没有内在的谦恭，则会给人以虚伪、敷衍的感觉，也势必会影响双方的关系。

谦恭不是一种高姿态，也不是做作，而是内在品德与修养的真实体现。谦恭源于对万事万物的敬畏之心，不因自身学识的渊博而轻视他人，也不因自身地位的超然而处优独尊，相反，越是优秀、强大，越是谦恭，越能以礼待人。

孩子不懂大道理，但是善于模仿，因此，大人可以先教孩子如何做，慢慢养成习惯，等孩子长大后，再告诉他这么做的道理。

## "孟母三迁"的启示

很多人都熟知"孟母三迁"的故事,故事大致是这样的:

孟子很小的时候,父亲就去世了,孟母依靠给人纺织麻布维持和儿子的生活。孟子很聪明,学习能力很强。母子俩居所附近有一处墓地,经常有送葬的队伍从家门口经过。好奇的孟子感觉有趣,就跟着送葬队伍学下葬哭丧一事,一群孩子嘻嘻哈哈跟着游戏。

孟母看到后,急忙把家搬到城里,先是搬到一个集市附近。不久孟母发现,孟子和其他孩子学着商贩吆喝做生意。

孟母不想孟子受此影响,于是再一次搬家,这次搬到屠宰场旁边。屠宰场经常杀猪,好奇的孟子被吸引,经常跑去看,久而久之,竟然学会了杀猪。孟母知道后,非常着急,又把家搬到了学堂附近。这次孟子每天早晨跟着学堂的孩子一起读书,最终成长为一代大儒。

孟母无疑是一位伟大而又有思想的母亲,她深知生活环境对一个人的成长有着深远的影响,因此为了给孟子一个良好的成长环境,煞费苦心,不辞辛苦,三迁居所。让人欣喜的是,付出最终有了丰厚的回报。

孩子懵懂无知，辨别力差，容易模仿他人，此时的成长环境非常重要，若成长环境良好，接触的人品行端正、学识渊博，就会潜移默化受到好的熏陶，日后也多半能成长为品学兼优的人，这或许就是"孟母三迁"告诉我们的道理。

《大戴礼记·保傅》记载，在周成王做太子的时候，为了保证其成长环境干净纯洁，受到好的教育，他的父亲煞费苦心地将他周围的邪人（包括可能是邪人的人）全部驱走，不使其看到恶行，同时挑选天下品行端正又有学问的人与其共同生活，保证其前后左右都是正人、好人、贤人，这样闻正言，见正事，自然就会行正道。

现代社会已不同以往，世界更为多彩斑斓，环境更为复杂多变，作为父母要意识到这一点，努力为孩子营造一个好的成长环境，引导孩子向好的方面发展。

具体可以这样做：在家中营造一个利于读书和学习的良好氛围，努力激发孩子的阅读兴趣，引导孩子阅读。在孩子还不识字的时候可以读书给孩子听，孩子识字后鼓励他自己读，也可以亲子共读。平时多带孩子去图书馆、博物馆、书画馆、科技馆等文化氛围浓厚的地方。

当下时代，大人忙于工作，空闲时间有限。同时，柴米油盐的生活琐事也使人劳心费神，对孩子的成长环境很难考虑周到，即使有所考虑，也多数心有余而力不足。

"与善人居，如入芝兰之室，久而自芳；与恶人居，如入鲍鱼之肆，久而自臭。"环境对人的影响巨大，一定程度上，有什么样的环境，就会有什么样的孩子。大人要提高对孩子成长环境的重视，再忙也要挤出时间，努力给孩子营造一个良好的成长环境，毕竟孩子才是家庭的未来、祖国的希望。想想孟母，就知道该怎么做了。

家庭图书角

# 如何温柔教养

好的家庭教养都是平心静气的，都是温和有礼的。这也就是当下倡导的"温柔教养"。事实证明，温柔教养出来的孩子多半知书达理，阳光开朗，积极上进，懂得珍惜和感恩，善待自己，善待他人。

家庭教养的主要责任在父母。父母若是以温柔有礼的方式教育和引导孩子，孩子则多半会交上一份令人满意的答卷。

实际上，达到这个目的并不难。正如上文所述，主要责任在父母身上。父母是孩子的第一任老师，父母的言行对孩子影响很大。如果父母修养不够，本身不明理、不懂礼，在教育孩子时，不能做到心平气和，孩子犯了错，不是臭骂，就是殴打，那样如何能教养出好孩子呢？若父母能够注意自己的言行，注意营造温馨、和谐的家庭氛围，以德服人，以理教人，孩子也多半会品行端正，性格宽厚。

所以，父母要提高自身修养，注重和孩子的交流沟通方式，让孩子感受到教育的温暖，具体可从以下三个方面进行。

第一，用爱的语言沟通。无论孩子做错了什么，父母都要做到与孩子好好说话。用有爱的语言,传递你对他的关心、关怀。即便是责备,也要温柔地说出来,而不要大吼大叫,要让孩子在温柔的责备中受到教化。

第二,给予孩子情绪上的支持。平时多关注孩子情绪的变化,当发现孩子情绪不对时,要及时用关怀的口吻询问,比如当发现孩子从外面气呼呼地回来,可以蹲下来看着孩子的眼睛问:"怎么了,小宝?你好像很生气,妈妈有些担心,快告诉妈妈是怎么回事!"

妈妈蹲下身安抚孩子

第三，用孩子的逻辑处理孩子的问题。孩子看问题的角度和大人不一样，所以不能用大人的逻辑去看待和处理孩子的问题，而要尽量用孩子的逻辑去看待和处理。如果孩子的逻辑有问题，要引导孩子向正确的方向转变，而不能强制孩子听大人的。

每一个孩子都应该被温柔以待，温柔的教养是父母给孩子最好的礼物。我们完全有理由相信，在父母温柔的教养下，在爱的包围中，每一个孩子都能够像花朵一样美丽绽放。

# 名门家风

## ——读书明理，诗礼传家

孔子是春秋末期著名的政治家、思想家、教育家，儒家思想的集大成者，崇尚尧舜文武之道，信奉周公礼乐制度。

除在教育大众方面独树一帜外，孔子在教育自家孩子方面也是极有成就的。孔氏子孙遵循孔子教诲，学诗学礼，并以其传家，最终形成"天下第一世家"的孔氏家学。

孔子的"诗礼庭训"流传千古，从中可以窥见孔子对"诗礼"的重视。实际上，孔氏的家风是以"诗礼传家"为核心的。孔氏家规散见于历代传记、谱牒、杂记史料中，代表是孔子第六十四代孙孔尚贤在明代制定并颁布的《孔氏祖训箴规》。《孔氏祖训箴规》要求孔氏子孙："务要读书明理，显亲扬名"，"务要克己秉公"，要"崇儒重道，好礼尚德，勿要嗜利忘义，勿要有辱圣门"；与家人相处要遵循"父慈子孝，兄友弟恭"的和睦原则。

孔氏的家风从孔子时就开始代代相传，从春秋时期算起，孔氏家族绵延了两千多年，一直传承至今，历经数十代，每一代孔家人都坚定不移地秉承和发扬着祖训。

在其祖训的荫庇下，孔氏子孙获得了极大的福报。宋仁宗赐孔子第四十六代孙孔宗愿封号为"衍圣公",这一封号光耀千古,要知道这可是中国历史上唯一没有军功的公爵封号。这一封号一直延续到清朝末年。明太祖朱元璋认为,孔子之道足以为"万世法"。他还召见孔子第五十五代孙孔克坚,希望孔氏子孙好好读书,以"领袖世儒","宜展圣道之用"。

　　实际上,诗礼传家,不仅是孔氏家风、家规的核心,也是中华民族大家庭的家风精髓,是每个家族的兴家之道,深刻影响了千千万万个家族。

# 礼教篇
## 教养之法在养礼

礼仪主要体现在对外交往和在家庭内部与家庭成员的接触、交流中。正所谓"不学礼,无以立"。礼仪若运用得当,可以在人与人之间搭建起一座情感的桥梁,促进人际交往和谐发展。教养多通过礼仪展现出来,所以平时要多注重对礼仪的学习和运用。

# 第五章

## 餐饮礼仪

《礼记·礼运》上说:"夫礼之初,始诸饮食。"可见,餐饮礼仪源远流长,时至今日,已形成一套饮食进餐的文明礼仪,是良好教养的基础。

# 长辈先入座

《弟子规》上讲:"或饮食,或坐走。长者先,幼者后。"这句话的大致意思是,吃饭、喝水,或者坐下、行走的时候,要遵循长者先幼者后的顺序,也就是要长幼有序。这既是道德修养的要求,也是礼仪的体现。《孔子家语》中言:"长幼无序,天下大乱之道也。"把长幼有序与国家、天下的安稳联系在一起,可见其重要性。

饮食坐走,讲究长幼有序,看似有些小题大做、上纲上线,实际上却是非常必要的,它培养的是孩子的恭敬之心,让孩子懂得感恩,懂得为他人着想。

因此在吃饭时,要先请长辈入座,长辈入座前,晚辈不要落座。等长辈全部入座后,晚辈再落座。都坐好后,即可开始用餐。用餐时,也要等长辈先动筷,晚辈再动筷。

## 赢在教养
图解那些世代相传不可移易的家风·家训·家规

吃饭请长辈先入座

# 吃相的讲究

《礼记·礼运》上说:"夫礼之初,始诸饮食。"意思是:礼仪制度和风俗习惯,始于饮食活动。可见古人对饮食礼仪的重视。事实上,在饮食上,古人确实有诸多讲究和要求。虽然进入现代社会,很多礼仪要求已不合时宜,但也有一些礼仪依旧有其现实意义,依旧在人们心中占有一定分量,在一定程度上影响着人们的交际。

如在吃相上,不要摇头晃脑,不要"宽衣解带",也不要狼吞虎咽,要轻举筷,慢夹菜,细嚼慢咽。喝汤的时候,要小口慢喝,而不要大口吞咽,更不要让汤水顺着嘴角流下来。如果汤在盆中,要用汤勺将汤盛到自己的碗中,然后用小勺舀起送到嘴边慢慢喝,不要捧碗直接喝。另外,还要注意吃的时候不要发出声响。

把汤舀到自己碗中,慢慢喝

夹取食物时,如果有公筷,要用公筷。夹取的时候,要用自己用的小盘或碗放在食物下方承托,避免食物脱落或汤水滴漏。夹回的食物,吃或者不吃都不要再放回去。另外,不要在盘中翻搅,也不要在盘上来回转却又不夹菜。

吃饭时,一只手拿筷子,另一只手要扶着碗,以免碗乱动,碰到其他餐具或掉到地上。也不要将筷子含在嘴里。有的孩子喜欢用筷子敲打碗碟,要避免这种行为,因为这容易让人联想到乞丐讨饭(乞丐讨饭时,为引起主人注意,常用筷子或木棍等物敲击碗盆)。

另外，吃饭时，不要说不吉利或者让人倒胃口的话，如要说，也要隐晦地说，比如去卫生间可以说："我去方便一下"，"我去处理一下个人问题"，等等。

还有，吃饭时，要与餐桌保持适当的距离，以一拳左右的距离为好。太远，吃饭夹菜不方便，他人看着也别扭；过近，容易弄脏餐桌和衣服，也给人留下抢饭吃、贪吃的不好印象。

# 吃着东西不要说话

《论语·乡党》上说:"食不语,寝不言。"意思是嘴里嚼着东西的时候不要说话,睡觉休息的时候也不要说话。嘴里嚼着东西说话,容易将嘴里的食物掉出来,或把汤汁溅到别人脸上、身上,既不卫生,也不雅观,有失礼仪,即便要说,也要等口中的食物咽下后再说。

吃着东西的时候不说话

**礼教篇**
教养之法在养礼

# 不要在饭桌上当众剔牙

就餐时食物塞了牙,不要当众剔牙。《礼记·曲礼上》要求人们就餐时"毋刺齿",就是要求不要当众剔牙。如果要处理,可以离开座席,到洗手间处理。如果不方便离开,可以微侧身体,一只手掩口,另一只手用牙签或牙线剔牙。处理好后,将用过的牙签或牙线包好,放进垃圾桶,切不可随意扔在桌子上。

微转身,一手掩口,一手剔牙

# 正确摆放和使用筷子

筷子是中国传统餐具,其使用要讲究一定的礼仪。首先,筷子要成双成对,不宜单根。摆放筷子时要两头齐整,不能一根长一根短,要不然就会被视为对使用人不敬。也不能将筷子的大头和小头放一端,或者一横一竖交叉摆放,亦不能横放在碗或盘上,或插入饭中,更不要分放在餐具两侧,分放在餐具两侧是吃散伙饭、绝交饭的表示。

有筷子架或筷托的,要尽量使用,既方便拿取,也显得干净卫生。另外,如不小心将筷子碰掉了,要另外换一双。

动筷的先后顺序也是有讲究的,通常由主人(请客的人)提议,客人先动筷。如果客人不止一个,通常由年龄最长者先动筷。

等待就餐或进餐时,不要用筷子敲打碗碟或桌子,或互相敲打。就餐时,不要用牙咬住筷子,或大力吮吸筷子上面的汤汁。也不要将筷子当牙签用。给别人夹菜不要用自己的筷子,要用公筷。切忌拿着筷子在菜品上来回挥动,更不要用筷子指人。

**礼教篇**
教养之法在养礼

筷子不要胡乱摆放

不要站起来用筷子，如站起来夹菜，站起来分割肉或鱼。若肉或鱼块大，需要分割，可以将其拿到一边用合适的刀具分割，分割好后再拿回桌子。

# 第六章

## 拜访礼仪

《礼记·曲礼上》说:"往而不来,非礼也;来而不往,亦非礼也。"相互拜访是维护正常人际关系的必要活动。在拜访中,要想让自己成为受欢迎的客人,自有一套礼仪要遵循。

# 带什么礼物合适

拜访通常要带礼物，特别是看望长辈，更要精心准备礼物，空手上门是有失礼仪的。《礼记·曲礼上》中说："礼者，自卑而尊人。"意思就是，所谓礼，就是卑下自己礼敬他人的一种方式。带礼物拜访，就含有礼敬他人的意味，所以《士相见礼》中说："不以挚，不敢见。""挚"，就是指见面的礼物。

至于要带什么礼物，要视具体情况而定。古时，士与士相见，常用雉（野鸡）作为礼物。这和雉的寓意有关。现代拜访亲友，礼物的选择灵活了许多，具体视情况而定。如果拜访的是长辈，通常带一些营养品，以示对对方健康的关心；如果拜访的是单位的领导、同事，可以带对方喜欢的东西。

有一点需要注意，就是不知道带什么礼物时也不要问对方喜欢什么。《礼记·曲礼上》中说："与人者不问其所欲。"意思是，给别人礼物，不要明问人家想要什么，这是不合礼仪的。换位思考一下，就会明白其中的道理。可平时留意对方的喜好，或者侧面打听对方的喜好情况。

带礼物上门拜访

　　作为受赠一方，要懂得礼物表达的是一份心意与情谊，不要过于在乎礼物的轻与重。

# 拜访时间的约定

俗话说"不约不见""约必守时",说的是拜访前要和对方约好,尽量不要贸然造访,不做不速之客。拜访时间的约定,最好选择主人方便时,具体时间可以征求对方的意见,也可以自己提出来,让对方考虑。要尽量避开吃饭和休息时间去拜访。

如果自己提拜访的时间,不要过于提前,但也不要过于延后,通常以两三天为好。过于提前,对方容易遗忘;过于延后,不利于对方安排。

一旦确定好见面时间,就要准时赴约。可以稍微提前,但不要迟到。提前的时间也不宜过长,以不超过十分钟为宜。如果因故无法赴约或迟到,一定要提前告诉对方,说明原因并请求谅解。不要因为和对方很熟,就忽略此环节。因为即便你们很熟,这样做也会让对方产生不被尊重的感觉,进而影响你们之间的关系。

# 进屋前先敲门

即便和对方约好了,即便和对方很熟悉,也不要不经允许就贸然进入对方的居所,一定要经过允许方能进入。这里有个小故事可作参考。

一次,孟子的妻子独自在屋里跷着腿坐着。孟子从外面回来,推门进屋,发现妻子不雅的姿势,很是生气,就跟母亲说要休妻。母亲很惊讶,就问怎么回事。

孟子将情况说了一遍。孟母听后,责怪孟子违背礼仪在先:"进门前,要先问屋中有谁在里面;进入厅堂时,要高声传扬,让里面的人知道,有所准备;进入屋里,眼睛要往下看。现在你到你妻子休息的地方,进屋前却没有扬声,这是你不对,而不是你妻子不讲礼仪。"孟子听了,意识到错在自己,而不在妻子。

《弟子规》中说:"将入门,问孰存;将上堂,声必扬。"说的就是这个道理。在家里尚且要如此做,拜访他人更要如此。在进入对方的居所或工作场所时,一定要先扬声,让对方知道,有所准备,即便门是敞开的,也不要不声不响贸然进入。

敲门也是有一定讲究的,不要"咚咚"一顿乱敲,而要轻轻

礼教篇
教养之法在养礼

叩门，或者轻按门铃。轻轻叩门三次或按门铃三次即停，然后退后几步等待开门。

访客要敲门

# 座次和入座的讲究

在座次的安排上,古人向来是很讲究的,《论语》中曰:"君赐食,必正席先尝之。"

安排座次,最重要的是要知道主位,也就是正位。通常主位是坐北朝南的正中位置。因此将客人迎入后,将最尊贵的客人安排在面朝南的座位上。如果没有坐北朝南的位置,或者弄不清楚哪个位置坐北朝南,那就以门为标志,正对着门的就是主位。

主位确定后,再按照"尚右"(以右边的位置为尊)的习俗安排座次,具体来说就是以面朝东的座次为尊,尊卑顺序依次为东向、南向、北向、西向。将客人安排在尊贵的座次上,体现了主人对宾客的敬意。

在座次的安排上,现代虽然没有古代那样讲究,但必要的礼仪还是要遵循的。身份尊贵者、年纪大者,通常要安排在上座首位。如果人多要设两桌或两桌以上,就要尽可能排出主桌的座次,其余桌可视情况不排座次。

**礼教篇**
教养之法在养礼

请年纪大者先入座

入座也要辈分高者、年龄长者、职位尊者先落座，年龄、辈分、职位相仿者，可以同时入座。另外，要等主人落座，客人方可落座。作为客人，不要主人还没有落座或礼让，自己就贸然坐下。

落座后，没有特殊的事，不要随便离开座位。特别是做客时，更不要擅自离开。如果一定要离开，则要向主人说明情况。

# 做客时不乱翻东西

带孩子去亲戚家或朋友家做客,注意不要乱翻主人家东西,即便彼此关系很好。这是一种基本的礼貌和对他人尊重的表现。

如果对某件物品很感兴趣,需要事先询问主人是否方便查看。得到准许后,才可以翻看。翻看的时候,也要注意不要翻乱或弄坏了。翻看后,要保持原样,并放回原处。对可能涉及私人隐私的物品,最好不要询问主人是否可以翻看,以避免不必要的尴尬。

做客时不乱翻主人家东西

# 感谢主人的盛情款待

有些时候，由于主人执意挽留，或者事前说好一起就餐，这样就会客随主便共品美味佳肴。宾主一起就餐时，一定要注意礼节。作为客人，开始吃之前，一定要真诚地感谢主人的盛情款待，不可不声不响，不做任何表示。另外，要等主人发话动筷后，方可动筷。

吃的时候，无论菜品是否合自己的口味，都不要对菜品评头论足，特别是说一些挑毛病的话。即便某个菜品不合自己的口味，也要吃一点。喜欢吃的，也不要"风卷残云"，吃得盘净碗光，一点不剩，而是要适当留一点，以免引起主人的误会。

赢在教养
图解那些世代相传不可移易的家风·家训·家规

感谢哥哥和嫂子的盛情款待……

**感谢盛情款待**

# 聊完后及时礼貌告辞

要想做受欢迎的客人,就要学会及时礼貌告辞。即便主人再三挽留,也不要一拖再拖。主人之所以出言挽留,多半是出于礼貌。及时告辞,一是可以让劳累的主人及时休息,正所谓"客走主人安";二是主人可能还有其他事要做。所以在要聊的事情聊完后,就要礼貌告辞,并再次感谢主人的款待,同时可邀请对方有时间到自己家里做客。

有的人很木讷,不知道及时告辞,主人出于多种原因,委婉做出了提醒,但依然说个没完没了。通常主人有如下举动时,客人就要意识到对方在下"逐客令"了:一是不断打哈欠或者不时看钟表。《常礼举要》中说:"主人欠伸,或看钟表,即须告辞。"二是谈话中,不正面聊天,时不时做别的事情。三是聊天的时候打扫卫生。

古代有"端茶送客"的习俗,就是主人认为事情说完了,来客该走了,就端起茶杯请客用茶。待客人的嘴碰到茶水时,侍役便高喊"送客",客人就要及时告辞离去。当然,现在这种习俗已经发生了极大的变化,主人端茶请客人喝,不代表送客,不过如果主人不再续茶,用"无色茶",或者用空杯请喝,那客人就要知趣地告辞了。

及时告辞,请主人留步

及时告辞,是对主人的理解和尊重,也是自身素养的体现,切不可因小失大,影响彼此原本良好的关系。告辞时,主人起身相送,客人要说"您留步"等客套话。

# 第七章

## 迎宾待客礼仪

有朋自远方来,不亦乐乎!但如果不懂得迎宾待客的礼仪,或者不甚讲究待客之道,怠慢了宾客,就辜负了双向奔赴的美好,甚至给自己本算良好的人际关系带来几丝不和谐。

電波科学研究

# 迎接宾客的礼仪

中国是礼仪之邦,中华民族是好客的民族,"有朋自远方来,不亦乐乎",就极好地说明了这一点。我国古人十分重视迎宾待客之礼,每有宾客来,通常要热情迎于门外,相互施礼,互致问候,然后高高兴兴地引入堂室内。

在迎接宾客时,如果是熟客,可简单寒暄几句,如不熟识,可先请教对方的姓名。如对方年纪很大,需要搀扶,可双手小心搀扶。进门的时候,主人要请客人先走。如客人谦让,主人可稍领先客人,在前引路。

如果是父母的同事、朋友来家里做客,要站立迎接,并主动问好,不要视而不见、不闻不问。对客人提出的问题,要大大方方回答,不要扭扭捏捏,更不要置之不理。

**赢在教养**
图解那些世代相传不可移易的家风·家训·家规

向客人问好

# 如何正确介绍客人

家里来了客人,如果相互不熟悉,需要介绍,介绍需要遵循一定的顺序和礼节。介绍通常遵循如下顺序:

先介绍年幼者,后介绍年长者;先介绍位低者,后介绍位高者;先介绍男士,后介绍女士;介绍同事、朋友给家人时,要先介绍家人,后介绍同事、朋友;介绍客人和主人时,要先介绍主人,后介绍客人。介绍先到者和后到者时,要先将先到者介绍给后到者,再将后到者介绍给先到者。总体上要遵循"尊者优先了解情况"的规则。

介绍的礼节涉及动作、语言、表情。一般来说,无论介绍谁,介绍者的手都要自然舒展,手心斜向上,四指并合,拇指微微张开,胳膊略向外伸,指向被介绍的一方,同时面带微笑,上身略向前倾。

介绍的语言要简洁明快、干净利索。被介绍的双方通常要起身站立,同时面带微笑,目光注视被介绍者或介绍者。年长者可视情况不用站起。

介绍客人要有礼仪

# 奉茶待客的礼仪

在我国奉茶待客历史悠久,讲究"无茶不成席""无茶不成礼",现代许多家庭招待宾客也常采用这一形式。几千年的文化积淀,自有一套敬茶待客礼仪,虽然现在奉茶待客已不像古时那样讲究繁多,但必要的礼仪还是不可缺少的。

首先,要保持茶具和用水的清洁卫生。无论喝什么茶,保持茶具和用水的卫生都是首要的。泡茶之前,要洗净双手。取茶叶要用专用的茶具,不要用手直接抓取。如果不知道客人对茶的喜好,要征求客人的意见,依客人的口味选择茶的品种。

其次,倒茶要有讲究。倒茶时要站着,而不要坐着或蹲着。倒茶时要尽量用正手,不用反手。另外,由于茶水是热的,为避免溅出烫人,也便于握杯啜饮,所以茶要倒七分满,斟酒则要满杯,正所谓"茶七酒满"。

再次,给客人敬茶要讲究顺序。《常礼举要》上说,敬茶果要先长后幼,先生客后熟客,先宾客后家人。给客人茶时,要双手端着,不要用一只手递给客人。如果有茶托或茶盘最好,可双手托住杯垫,将茶轻放到客人面前的桌面。品茶时,要让客人先喝。

用茶托给客人敬茶

　　最后，要及时关注客人的喝茶情况，需要续茶时，要及时续茶。如茶水已凉，要及时倒掉，重新泡上热茶。

　　如果在品茶时，有新客到访，要重新泡茶，而不能喝之前泡过的茶，以免有怠慢新客之嫌。泡好后，要先给新客敬茶。

# 敬酒待客的礼仪

古人讲究斟酒要斟满，不能只斟半杯，以示"酒满心诚"。如今这个规矩有所改变，由于多种原因，客人喝不了酒或喝不了满杯酒，这时就不宜强迫，可遵客人意愿斟酒。

敬酒也是很有讲究的。古代，主人设宴招待客人，席间喝酒，为了显示酒里无毒，主人要先喝一杯，称为"献"，如今演变成"先干为敬"之礼。

主人喝过之后，客人须饮酒以回敬主人，称为"酢"。之后，主人为了让客人多喝，须再先喝，称为"酬"，如此往来，即成"应酬"。

相互敬酒碰杯中，岁数小或者职位低的人的酒杯，要略低于年纪大或职位高的人的酒杯，以表示敬意和感谢。有个问题要注意，如果不能喝或不想喝杯中酒，敬酒时，可以举起酒杯示意，但不要碰杯。碰杯了就要喝，否则就会被对方视为不敬。

赢在教养

图解那些世代相传不可移易的家风·家训·家规

聚餐碰杯，酒杯有高有低

114

# 有礼貌地接受礼物

拜访带礼物,表达了客人对主人的尊重或是谢意。这是十分正常的事。对于主人来说,无论最后是否接受了礼物,都要表示感谢。正所谓"千里送鹅毛,礼轻情意重",礼物无论轻重,表达的是一份心意,对此要真诚感谢。必要的话,在客人辞别时,可以适当回赠礼物,以表心意。

接受礼物时要起身站立,双手接过,同时向对方表示感谢,切不可漫不经心,更不要对礼物说三道四、吹毛求疵。

感谢的话不用说太多,简单真诚即可,可以这样说:"收到你的礼物非常开心!看得出来,它是经过精心挑选的,我十分喜欢!"

双手接过礼物

# 拒绝礼物要委婉温和

由于各种原因不想收礼物,此时一定要向对方解释缘由,语气要委婉温和,态度要真诚、不做作。可以这样组织话语:感谢的话+肯定礼物的价值+明确拒绝接收的态度+解释缘由+表示抱歉。比如这样说:"非常感谢您的这份心意,这份礼物肯定是您用心挑选的,我十分开心,可是我确实不能收,它太贵重了,您的心意我领了,礼物还请您收回,真是抱歉!"

# 第八章

## 言辞礼仪

语言是人们日常交流最重要的工具。通过言辞传递的信息是最丰富的,这也就在客观上要求人们说话时要遵循一定的礼仪,这样才能让这种信息交流更为顺畅地进行下去。

# 言辞的礼仪要求

"言为心声,语为人镜",说的是一个人说出口的话是他内在思想的体现,如同一面镜子,可以映射出这个人的思想和德行。时至今日,语言仍然是人类交流的主要工具,言辞在人际交往中的重要性不言自明。

言辞之美可以概括为谦恭、和善、文雅。言辞谦恭可以通过多方面得到体现,比如:在语调上温和平缓,轻声细语;在用词上,恰当使用谦语。言辞和善主要指说话时和颜悦色。言辞文雅主要指用语文明温和,不粗鄙。

实际上,言辞之美不仅在于谦恭、和善、文雅,更在于诚信,正所谓"言贵诚实"。由此,诚信被列为言辞礼仪的首要一条。《弟子规》上说:"凡出言,信为先。诈与妄,奚可焉。"就是说,凡是说出口的话,一定要以信实为先。欺骗和妄语是不可行的。只有"诚为先"才能赢得他人的信任,礼仪也才会建立起来。试想一下,如果一个人谎话连篇,信口胡说,诺言从不兑现,何来的言辞之美。

也正由于此,不要轻易做出承诺,要做到"凡与人言,即当思其事之可否,可则诺,不可则不诺。若不思可否而轻诺之,事或不可行,则必不能践言矣"。

对人说话要和颜悦色

# 会使用谦语和敬语

称谓是人际交往中的语言工具,也是一面镜子,从一个称呼中可以窥见一个人的文化修养。古人对称谓的讲究要远比现在复杂得多,涉及很多方面,不一而足。

就现代交际来说,常用的称谓就是谦语和敬语。谦语,通常指对自己和与自己有关事物的称呼。使用适当的谦语,反映出说话者有较高的素养和品位,同时也表现了对说话对象的尊重,所以不可不知、不可不学。

现代社会常用的谦语有:

"家"字一族,用来称呼辈分高或年纪大的家人,比如,"家父""家严"(称自己的父亲),"家母""家慈"(称自己的母亲),"家叔""家兄""家姐""家侄"等。如父母已过世,和别人提起时称"先父""先母"。

"舍"字一族,用于称呼辈分低或年纪小的亲戚,比如,"舍弟""舍妹""舍侄"等。

"老"字一族,用于谦称自己或与自己有关的事物,比如,"老身""老朽""老粗"等。

"拙"字一族，用于称呼与自己有关的事物，比如，"拙作""拙见"等。与此类似的有"愚""浅"字，如"愚见""愚以为""浅见"等。

"薄"字一族，谦称自己的事物，比如，"薄酒一杯""薄礼一份""薄面"等。

"小"字一族，称自己或与自己有关的人或事物，比如，"小儿""小女""小店"等。

此外还有，"寒舍"（称自己的家）、"不才"（没有才能）、"鄙人"（对自己的谦称）、"过奖"、"见笑"、"高攀"等谦语。

交谈中要使用敬语和谦辞

与谦语对应的是敬语。敬语通常用来称呼对方或与对方有关的事物。

现代社会常用的敬语有：

"令"字一族，用以称呼对方的亲戚，比如，"令尊"（称对方的父亲）、"令堂"（称对方的母亲）、"令郎"（称对方的儿子）、"令爱"（称对方的女儿）、"令爱"（尊称对方的女儿）。

"高"字一族，用以称呼对方的亲戚或和对方有关的事物，比如，"高堂"（尊称对方父母）、"高见"、"高论"、"高足"（对对方弟子的美称）。

"屈"字一族，劳烦别人时使用，比如，"屈尊前往""屈驾""屈就"。

"老"字一族，对德高望重之人的称呼，比如，称巴金为"巴老"，称钱三强为"钱老"，称袁隆平为"袁老"，称钟南山为"钟老"，等等。

"雅"字一族，用于称呼对方的行为，比如，"雅兴"（雅致的兴趣）、"雅教"（敬称对方的指教）、"雅正"（请对方指教，意同"斧正"）。

"贵"字一族，用于称呼和对方有关的事物，比如，"贵姓"、"贵庚"（问对方年龄）、"贵国"、"贵干"。

另外，常用的敬语还有"包涵"（请人原谅）、"久仰"（仰慕已久的意思）、"赐教"（请对方指教）、"阁下"（对有一定社会地位的人的称呼）、"夫人""尊夫人""公子""芳龄"（问女子年龄），"斧正""留步""拜托""光临""叨扰"（打扰），等等。

劳烦别人要用敬语

# 学会问好和打招呼

问好和打招呼是人际交往中非常重要的一环,既可以展现一个人的教养,也可以拉近与他人之间的距离。以下是问好和打招呼的一些建议。

1.选择合适的称呼。在问好和打招呼时,要根据对方的身份、年龄、职业以及你们之间的关系选择合适的称呼。对长辈可以称呼"叔叔""阿姨";对和自己年龄相仿的,可以称呼名字或昵称。

2.使用恰当的语言。根据对方的身份、年龄以及见面的场合,选择适当的问候语。如早晨在家门口遇见邻居老奶奶,可以说:"早上好,奶奶!"

3.脸上保持微笑。在问好和打招呼时,一定要记得脸上要带着微笑,切不可紧绷着,那样会让对方觉得你的问好是一种敷衍。

4.注意语气和语调。打招呼时的语气和语调要温和、亲切,让对方感受到你的真诚和友好。

# 委婉地表达拒绝之意

拒绝是一件容易让人心里不舒服的事情,所以一旦由于某种原因,无法满足对方的要求,要尽量委婉地予以拒绝,以缓和对方不舒服的心理。因此,拒绝时,要保持友好和积极的态度,让对方了解你的拒绝不是出于本意,或是对对方的轻视,如说:"真是很抱歉,这个周日,我要去杨伯伯家做客,所以不能和你一起去世界公园。"如果拒绝的原因不便透露,可以使用模糊但礼貌的措辞,如说:"非常感谢你的邀请,但这周日我真的没有空闲时间,只好放弃了这次好机会,很是遗憾,希望你能理解。"

如果可能的话,可以提供一个替代方案,如说:"这次我无法和你去世界公园,不过我们可以改天再去呀,比如端午节去,你看怎么样?"

总之,拒绝时,一定要语气委婉,保持真诚和尊重,让对方感受到你的重视和善意,努力争取对方的理解。

# 第九章

## 仪态仪表礼仪

仪态仪表,在一定程度上展现了一个人的精神风貌和文化教养,是个人涵养的一面镜子。要想给人留下一个美好的印象,良好的仪态仪表礼仪是必不可少的。

# 合适的场合穿合适的衣服

　　衣着得体是一种教养,代表着一个人的涵养与见识,同时,也是一种形象礼仪,代表着一个人的审美和品位。无论从教养的角度,还是从礼仪的角度来说,穿衣有一个原则需要遵守,那就是穿戴要合适,也就是合适的场合要穿合适的衣服。

　　通常,不同的场合对穿着有一定的要求,要尽量遵从那些约定俗成的穿衣"规则"。总的着装标准是,端庄大方,符合场合和自己的身份,不奇装异服。

# 仪态宜庄重

仪态，泛指人身体呈现的各种姿势，包括举止动作、神态表情。我国古时对仪态是比较重视的。古人认为，仪态只有庄重才会有威仪。孔子曾说："君子不重则不威。"意思就是君子仪态宜庄重，不庄重就失去了威仪，有威仪才会让别人产生敬，所以要"色容庄"。

想要仪态庄重，首先，衣冠服饰要严整、洁净。衣冠服饰严整，就是帽子要戴端正，衣服要穿板正，扣子要扣好，袜子和鞋要穿平整，不拧巴。如《弟子规》中所要求的："冠必正，纽必结，袜与履，俱紧切。"服饰洁净，就是衣服不要求全新华丽，但一定要干净整洁。如《弟子规》所言："衣贵洁，不贵华。"

其次，头部要端正，就是古人说的"头容直"，不要摇头晃脑，同时胸部挺直，腹部收缩，给人挺拔之感。

再次，神色要庄重自然、温和恭敬，既不要桀骜不驯，也不要嬉皮笑脸。在不同场合，神色亦应不同：喜庆场合要神情愉悦，面带笑容；严肃场合神情要庄重。

最后，声调沉稳。通常庄重、严肃的场合要保持安静，做到"声

礼教篇
教养之法在养礼

容静"。如果要说话,声调宜沉稳平缓,尽量轻声细语。

衣冠整洁,身姿挺拔

# 站有站相，坐有坐相

古人认为坐立行走甚至举手投足，都要有礼有节、有式有度，要"站如松，坐如钟，行如风，卧如弓"。作为一种社会交往的礼节，在走亲访友时，更要注意坐立行走的姿势。

首先，站要有站相。《礼记·曲礼上》上载："立必正方，不倾听。"倾，这里是歪斜的意思。具体要求就是，站立时，身躯要挺直舒展，头颈自然向上，双臂下垂于身体两侧，不可歪头探脖，更不可塌腰耸肩，要给人一种舒展自然之美。

古人很忌讳站着倚门。倚就是偏着身子靠的意思。在古人看来，这样的姿势很难看，不雅观，同时也是对对方的不尊敬，是没教养的表现。

对坐相的要求，古人也有一套相应的规范和规定。古时的坐姿和现在有很大的不同，古时多席地而坐，唐朝之前有四种常见的坐姿，分别是跽坐（跪坐）、箕踞、跌坐、带踞。这四种坐姿各有特点和相关的礼仪要求。

**礼教篇**

教养之法在养礼

站姿要挺拔自然

现在的坐姿简单了许多,礼仪要求也简化了不少,同时也更人性化。对现代坐姿普遍的要求是:入座要轻,不可猛坐,坐时,上身要挺直,如座椅有扶手,双臂可自然放于其上,同时,双脚轻踏地面,不可交叠双腿(即跷二郎腿)或晃腿摇足,更不要将鞋底朝向他人。

# 走姿要优美

除了站相和坐相,还要注意行走的姿势,即走姿、走相。通常的要求是:全身伸直,挺胸抬头,两眼平视前方,双臂放松,在身体两侧自然摆动,脚尖微向外或向正前方迈出,同时,表情自然,精神饱满,不要东张西望,与人同行时,不要勾肩搭背。

走姿要优美、自然

# 不要用手随便指人

用手随便指人是一种很不礼貌的行为,含有挑衅意味,由此被指的人往往会感到自己不被尊重。可偏偏有很多孩子都有用手指人的习惯,其原因主要是,对孩子来说,用手指人是一种本能的反应,孩子本身并没有意识到这是一种不礼貌、不文明的行为。所以,当孩子用手随便指人时,大人一定要及时制止,并予以教育。

及时制止孩子随便指人的行为

# 心教篇
## 教养之用在养心

　　步入社会和家庭以外的人打交道,需要良好的心态和成熟的处世智慧。而良好的心态和成熟的处世智慧,与所受的教养息息相关。一定程度上,可以说良好的心态和成熟的处世智慧源于所受的教养。因此,不可忽视教养的"养心"之用。

# 第十章

## 抱诚守真,与人为善

《庄子》中说:"真者,精诚之至也。不精不诚,不能动人。"所以,真诚与良善,是我们人生价值追求的核心内涵,同时也是我们为人处世要遵循的重要准则。

# 第十章

## 威字輩尊﹑白人式善

# 谨言慎行，择善而从

我们常说"祸从口出"，就是指说话不注意，随口乱说，能说的话脱口而出，不能、不该说的话也口不择言。往往说得越多错得越多，一旦言论侵犯到他人，就可能给自己惹来麻烦。

勿在背后议论人

这就要求我们在为人处世时要注意自己的言辞，不要望风捕影多说话，不要信口开河乱说话，努力做到《孝经》中所言的"非法不言，非道不行"。

《朱子家训》中说："慎勿谈人之短，切莫矜己之长。"就是告诉我们，不要谈论他人的短处，也不要炫耀自己的长处。这个要求，一方面是谨言慎行的需要，另一方面也是个人素养的体现。

历史上因言行不慎而惹来祸患的例子有很多，看下面一例。

春秋时期，鲁、晋、卫三国使者同时访齐，巧的是这三名使者都是残障人士。齐顷公知道后，起了戏弄之心。他派了三个同样的残疾人去接三国使者。在使者到来前，齐顷公让母亲萧桐姪子和一众嫔妃坐在大殿的帷幕后面。

当六个同样的残疾人出现在大殿中时，如齐顷公所料，母亲和一众嫔妃禁不住笑得前仰后合。

晋国使者郤克是个聪明人，他看看眼前的情形，又听听刺耳的笑声，立即明白自己三人被嘲弄了。他十分生气，在回国的路上，他发誓说："此仇不报，此生不过黄河。"

几年后，在郤克的努力下，晋联合鲁、卫两国共同出兵攻打齐国。齐国扛不住三国的联合进攻，很快战败。齐顷公欲割地求和，郤克却提出要把当初嘲笑他们的萧桐姪子作为人质，才答应请和。虽然这个要求最终没有得到满足，但是这一战让齐国蒙受了不小的损失。

黄帝在《金人铭》中说："古之慎言也，戒之哉！无多言，多言多败。无多事，多事多患。安乐必戒，无行所悔。"大致意思是，古人是慎言的，要谨记！不要多说话，多说话就多挫败。不要多事，事多祸患多。要警惕安乐，不要做后悔的事。

因此，说话时一定要多注意自己的身份、说话的场合以及说话的对象。身份、场合以及说话的对象不同，相应地，说的话也要不同。另外，该说的时候尽可说，而不适合说的时候，则一定要学会闭嘴，要做到当默而默、当语而语。

要想做到谨言慎行，平时就要自觉提高对自己修养和言行的要求，说话不望风捕影，不夸夸其谈，多说有利于双方关系的话，不说不利于双方关系的话。做事踏踏实实，不弄虚作假，与人真诚交往，多向比自己强的人学习。

事实证明，只有平时真正做到了严格要求自己，并且持之以恒，才能在待人接物时自然而然做到谦虚谨慎、温和有礼，有底线，有温度。

做人要谦逊有礼

# 己所不欲，勿施于人

"己所不欲，勿施于人"，是孔子于 2500 多年前说的，被记载于《论语·颜渊》中。相关故事是这样的：

孔子的弟子仲弓勤勉好学，十分注重自身德行的培养和完善，孔子非常看好他。一日，仲弓找到老师孔子，请教什么样的行为才算得上"仁"。孔子说："出门如见大宾，使民如承大祭。己所不欲，勿施于人。"大致意思是：出门就要像去见贵宾一样，见人有礼；治理百姓就像主持祭祀大典，隆重正式的同时又要谨慎小心。一件事如果自己都不愿意去做，那么就不要勉强他人去做。

己所不欲，勿施于人，是非常重要的处世之道，千百年来为人们所遵循。看似没什么，实际上却不容易做到。你不愿背后被人非议，却常在人前议论他人；你不愿扰乱秩序插队，却要求别人帮你去插队；你不愿被人欺骗，却经常欺骗他人。可以说，这是典型的"双标"行为。

## 心教篇
### 教养之用在养心

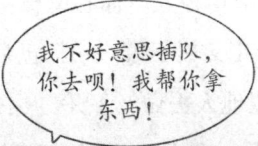

己所不欲，勿施于人

在人际交往中，如果只想自己方便就好，而我行我素，不站在他人的角度和立场去考虑问题，也不顾忌他人的切身感受，那么势必在人与人之间造成交往障碍。有时，即便你愿意做的事，也不能保证他人也愿意做。

那么如何做到"己所不欲，勿施于人"呢？很简单，就是常做换位思考，推己及人。如果某件事连自己都不愿去做，就要想到别人也可能不愿去做，所以也就不要开口勉强别人去做。

早上你乘坐公交车上班，某站上来一个老人，此时车厢里已然没有空闲的座位。你想"我还要坐挺长时间""上班一天怪累的""我不让……"前座坐着一个年轻人。你心里想:"他为什么不给让座""年纪轻轻的,站一会儿又累不着……"己所不欲,勿施于人,自己不愿做的事,却希望他人去做?

很多家长在教育孩子的时候,不从孩子的角度出发去考虑和处理事情,致使和孩子之间的沟通出现问题。

如果能切实做到"己所不欲,勿施于人",自己不愿做的事不勉强他人去做,宽容待人,凡事多从对方的角度考虑和解决,而且言行一致,自然就会获得好的人际关系。

自己不愿做的事不要勉强他人去做

# 如何"温良恭俭让"

"温良恭俭让",是儒家提倡的待人接物的原则和标准,出自《论语·学而》:"子禽问于子贡曰:'夫子至于是邦也,必闻其政,求之与,抑与之与?'子贡曰:'夫子温、良、恭、俭、让以得之。夫子之求之也,其诸异乎人之求之与!'"

翻译过来的大致意思是,子禽问子贡:"夫子(指孔子)每到一个国家,都必定能听到关于这个国家的政事,是夫子用心寻来的,还是对方自愿给的呢?"子贡回答道:"夫子凭借温和、良善、恭敬、庄重、谦让获得的,夫子的求问方式,可能与其他人获取的方法不同。"

后人将"温良恭俭让"称为"夫子五德"。温,指说话态度温和平实;良,指沟通的目的与人为善;恭,指对人谦恭有礼;俭,指言行节制庄重;让,指行事礼让。

显而易见,"温良恭俭让"是五种美德,也是五种可贵的人格魅力。诸多事实证明,具备这五种好品行的人都是人格有魅力的人,也都是有影响力的人。

从待人接物的角度,可以细解一下这五种美德。在与他人交往过程中，待人温和有分寸，不卑不亢，彬彬有礼，会让对方感觉你是个有修养的人，从而重视和你的交流。通过接触，你的平和正直、温文尔雅，让对方感觉与你交流很舒服、很放心，遂产生与你深入交往之心。接下来你的谦恭礼让、节制有度、大度包容，更加深了对方对你的好感。至此，对方多半在心中已"接纳"了你，等待你们的将是一个美好的开始。

经过几千年的发展演变，"温良恭俭让"的含义发生了变化，和之前的含义有所不同，不过其精神内核却没有改变。

作为待人接物的准则，在社会交往中，在与人接触和交流中，我们要做到与人为善、态度温和、谦恭有礼、懂得谦让。凭借"温良恭俭让"这五种美德和法则为人处世，必然会给人留下良好的印象，获得重视和信任，进而获得增进友谊、增加合作的良机。

反之，若交往中心存不善，心怀不轨，口不择言，躲躲闪闪，无中生有，夸大其词，势必给人留下狂妄自大、撒谎成性的印象，试问友谊和信任的桥梁如何建立起来？

# 第十一章

## 低调做人,高调做事

低调做人,是让我们做人不要招摇,不目中无人,妄自尊大,要去除身上的骄妄之气。高调做事,是让我们秉承认真与诚恳的态度,高标准、高目标,积极稳妥做事。

# 第一卷

## 初期的人，高田保

# 去除身上的骄妄之气

俗话说:"天狂必有雨,人狂必有祸,为人不低调,祸从天上掉。"为人处世不能目中无人、妄自尊大。要知道人外有人,天外有天,如果不知道天高地厚,不懂得行事低调,骄妄待人,肆意妄为,早晚有一天,会为此付出代价。

在低调做人方面,郭子仪堪称典范。郭子仪是力挽大唐命运的人物,他历经唐玄宗、唐肃宗、唐代宗、唐德宗几朝,为大唐立下汗马功劳,被视为国家栋梁、朝廷柱石。唐肃宗时,郭子仪被封为汾阳王,位极人臣,可以说一人之下万人之上。

历史上有很多卓越的人物在取得大的功勋后,由于各种原因,最终的下场都很悲惨,但郭子仪却打破了这个魔咒,做到了"权倾天下而朝不忌,功高盖主而主不疑",主要原因就是郭子仪从不居功自傲,为人谦虚谨慎,做事注重细节,行事低调。他的儿子郭暖娶了唐代宗的女儿升平公主。一次小两口吵架,郭暖一时火起,脱口而出:"你不就仗着你爹是皇帝吗?实话告诉你,皇帝的位子给我爹,我爹还不想干呢!"这话在当时看来,简直大逆不道,是株连九族的死罪。升平公主气得马上回宫,将此事告诉了自己的父亲唐代宗。

郭子仪知道后，马上将儿子关了起来，然后自己入宫请罪。所幸唐代宗很明事理，没有怪罪郭子仪。郭子仪内心虽然一块石头落了地，但回去之后，还是狠狠教育了儿子一番。

郭暖的骄妄之气，险些惹来杀身之祸。如果不是郭子仪有功勋在身，如果不是唐代宗通达事理，后果不堪设想。

蓝玉是明朝开国功臣、开平王常遇春的内弟，勇敢善战，屡立奇功，捕鱼儿海（今内蒙古与蒙古国界湖贝尔湖）之战，蓝玉率军击溃北元军队，大大巩固了明朝的统治。因战功卓著，朱元璋封其为凉国公。

也正因为战功卓著，蓝玉变得十分骄傲，目中无人，随意侵占民田，鞭打前来问责的御史，擅自升降军中将校官职，还违反规定私藏良马。在回师经过喜峰关时，因守城官没来得及开城门迎接，竟然叫士兵架起大炮，轰开城门入城。惹得朱元璋火起，以谋反罪名处死了蓝玉。

人一旦骄傲自满、妄自尊大，就会滋生骄妄之气，就会看不清自己，做事也就失去了准则。毋庸置疑，偏离轨道行车，最终必然落得倾覆的下场。

从本质上看，人有骄妄之气，是因为修养不够，德行欠缺，德不配位，才最终导致内外失衡。解决的办法是内修德，外正形，严格自律，谨言慎行。

# 克制欲望，收敛锋芒

人生总是波澜起伏的，有时跃上波峰，有时又跌入低谷。人的欲望也是一样，有时很大，有时又很小。

欲望和志向是不同的，它们是两个概念，但又是有关联的。欲望通常是短暂的，短时间内可通过各种操作和努力加以实现，且随着欲望的达成，对欲望的渴望会迅速消失，随之又会有新的欲望产生。志向则是长远的，短时间内很难实现，需要持之以恒的努力。

欲望展现出来的更多是私欲，是"利己"心理的产物，而志向展现出来的更多是"利他"的心理和行为。举例来说，欲望多是求名求利、求权求色、求美食、求华衣，志向多求为人类谋福利、求世界和平、求国泰民安、求青史留名，求"为天地立心，为生民立命，为往圣继绝学，为万世开太平"。所以说，人人都有欲望，但并不是人人都有志向。

欲望和志向大不同

每个人都是欲望的载体。每个人的欲望都是多方面的，也是无止境的。如果不加以控制，欲望会不断膨胀下去，让人沦陷无法自拔，最终彻底沦为欲望的奴隶，被欲望所控制。人一旦沦为欲望的奴隶，就会丧失心灵的宁静，继而迷失自我，忘乎所以，误入歧途。

曾国藩在给家人的一封书信中写道："此后总以波平浪静处安身，莫从掀天揭地处着想。"意思是，今后会在风平浪静的环境下生活，而不要总想着去做一些掀天揭地的大事。这是曾国藩在弟弟率军收复两个省后，提醒弟弟要懂得调整心态，克制欲望，不可忘乎所以。

听上去"波平浪静处安身"有一种明哲保身、胸无大志的意味，其实不然。它是曾国藩经过官场多年摸爬滚打总结出来的经验教训和为人之道，具有超强的现实意义。

人在顺风顺水的时候，往往志得意满，锋芒毕露，觉得人生快意，万事由我，喜欢我行我素，感情用事，常常得罪了人而不知，无形中给自己设置了许多障碍，埋下了诸多隐患。如果不及时悬崖勒马，修身养性，提高与人交往的修养，必然会遭遇挫折。

"波平浪静处安身"旨在强调为人处世要尽量保持低调做人的作风，凡事不要逞强，不要盛气凌人，要懂得控制自己的欲望，懂得收敛锋芒，适可而止。只有在"低处"夯实基础，站稳脚跟，方能不置自己于危险境地，也才能厚积薄发，将事情做好。

# 进退有余,力克盈满

做人与做事是紧密联系的。多数情况下,做人要低调,做事要高调。低调做人,不代表要求低,相反,大多数低调做人者,处世的标准都相当高,他们常以"出世的态度做入世的事情",由此产生了一个奇妙的因果:越是低调做人者,往往越能成就大事。反之,不知低调者,不愿低调者,成就大事的反而少。这也许就是所谓的"地低成海,人低成王"。

与低调做人相对应的是高调做事。高调做事不是让我们做事大肆张扬,姿态高高在上(这与低调做人的精神相违背),而是强调做事要积极主动、勇敢果断、百折不挠,保持高昂的热情和坚定的信念,体现出来的是一种进取精神。

要处理好低调做人和高调做事的关系:一方面,与人交往时要谦逊有礼、言行得当;另一方面,又要高效行事,把事情做对、做好。从某个角度看,低调做人、高调做事是立世的基础,如果不知道低调做人、高调做事,取得点成绩就洋洋得意,眼高于顶,止步不前,人前人后炫耀,占尽好处、风光,势必会遭人嫉妒,如果再不适可而止,继续我行我素,那接下来大概率就会遭遇挫折，撞南墙了。

做人要低调

古人云："水满则溢，月满则亏；自满则败，自矜则愚。"这句话提醒我们无论做任何事，都不要过于自满、自傲，要低调为人，否则就容易误入歧途，最终将自己置入困境中。

曾国藩在给弟弟的一封家书中说:"管子曰:斗斛满则人概之,人满则天概之。余谓天之概无形,仍假人手概之。"大致意思是:管子说,装米的斗斛满了,人就会将它削平,人自满到了不可抑制时,天就会将人削平。上天做这样的事的时候通常是无形的,是借助人来做的。

曾国藩还告诫弟弟:"吾家方丰盈之际,不待天之来概、人之来概。吾与诸弟当设法先自概之。"意思就是在我们家鼎盛之际,不要等上天、等别人来削平,我们要先自己削平自己。

在曾国藩看来,为人处世一定要谦卑,为此他一再要求家人,福不可享尽,势不可用尽。他指出:"趋事赴公,则当强矫,争名逐利,则当谦退;开创家业,则当强矫,守成安乐,则当谦退。出与人物应接,则当强矫……若一面建功立业,外享大名,一面求田问舍,内图厚实,二者皆有盈满之象,全无谦退之意,则断不能久。"这段话的核心思想就是,为人处世要懂得谦让低调,只有懂得谦让低调,才能将事情办好,人情也才能维持长久。

很多人取得了一些成就后就趾高气扬,眼高于顶;在事情还没有取得最后成功时,就开始洋洋得意,认为成功也不过如此,岂不知,物极必反,事情超过了一定限度之后就会向相反的方向发展。只有戒骄戒躁,保持低调,持续努力,才会让事情取得最后的成功。

总之,为人做事要有度,不能过于盈满,盈满则溢,只有把握了其中的分寸,才会进退有余,利于保全自身,获得善果。

# 第十二章

## 美美与共，和而不同

人际交往中，要与人为善，多体谅他人的难处，多做换位思考，相互包容，与人和睦共处，但不要人云亦云，要有自己的做事原则和智慧，避免被别人同化。

# 第二十章

## 美美与共，和而不同

# 近善远佞，以德交友

《太公家教》中说："近朱者赤，近墨者黑；蓬生麻中，不扶自直。"它强调了环境对一个人成长的重要影响。一个人在成长过程中，会接触到形形色色的人。千人千面，有的人讲仁德，与人为善，品行好，而有的人不讲仁德，自私自利，做事肆意妄为。

在交友的选择上，一个重要原则是"近善远佞，以德交友"，这和孔子定的交友的精神和标准不谋而合："益者三友，损者三友。友直，友谅，友多闻，益矣。友便辟，友善柔，友便佞，损矣。"大致意思是，有益的朋友和有害的朋友都各有三种。和正直的人、有诚信的人、见识广博的人交友是有益的，同谄媚逢迎的人、表面奉承而背后诽谤的人、善于花言巧语的人交友是有害的。

《弟子规》中有一句发人深省的话："泛爱众，而亲仁。"意思是要广泛地爱众人，但是要亲近有仁德的人。它也可以被视为交友的一条重要准则。实际上，它同"近善远佞，以德交友"的本质是相同的，就是把"德"当作交友的重要参考标准。

亲近有德，远离无德

年龄尚小时，思想、性格还没有定型，和情投意合的人做朋友，容易受到对方的影响。虽然没有刻意去学，但相处的时间长了，潜移默化中会不知不觉地被影响、被引导，最后成为一类人。这样，与德行好的人交友，就好像进入满是芝兰的屋中一样，时间长了，自己也满身芬芳起来。与德行不好的人相交，时间长了，自己也会"腥臭"起来而不自知，这也就是《孔子家语》中所说的"入芝兰之室久而不闻其香，……入鲍鱼之肆久而不闻其臭"。

交友是人生的一件大事，结交有德之友会给自己和家庭带来诸多益处，反之，结交无德之友会给自己和家庭带来无穷祸患。可是现实生活中要和形形色色的人接触往来，应如何选择德友呢？有哪些标准呢？

交德友的标准，我们可以参考孔老夫子定的交友标准：选择那些正直善良、诚实可信、见识广博的人做朋友，远离那些搞歪门邪道、欺上瞒下、自私自利之人。

在坚持交友原则的同时，也要注意分寸，这是一种处世的智慧。我们是要远离佞友、损友、恶友，但也要防止与其成为仇人。我们是要亲近有德之人，但也要注意不要过于亲近，有时走得太近，反而会弄巧成拙。君子之交淡如水，追求的是相互理解、相互包容、相互砥砺。

# 自律自强,莫做霸凌者

弘一法师李叔同语录中有这样一句话:"内不欺己,外不欺人,上不欺天,君子所以慎独。"也就是说,做人在内心要忠诚于自己,不自欺,不做违心之事,在外不恃强凌弱,不欺骗人,不做伤天害理之事,表里如一,真诚对待自己。这和儒家所秉持的道德准则和核心价值观是一脉相承的。

在别人看不到的时候,还能严格要求自己,不欺暗室,自尊自爱,遵循道德准则行事,就是我们常说的慎独,也就是内不欺己。与之相反,就是为人做事不诚实守信,不坦诚面对自己的内心,嘴上一套心里一套,明里一套暗里一套,言不由衷,言行不一,说得很漂亮,实际上却做得很肮脏。

一定程度上,不欺己是不欺人的道德基础,只有道德水准达到慎独的高度,能严格要求自己,不放纵自己,内心淳朴,才能够做到修己达人,不欺骗别人,不对别人耍手段。而要想达到这样高的境界,就要加强自身的修养,自律自强。

现在在一些校园里,霸凌现象比较严重,让人痛心。据报道,日照一名初中生在厕所被群殴,湖南一女生在不到100秒视频中被掌掴 32 次，甚至还有不堪霸凌自杀的极端事情……一项调查显示，大约有 28% 的孩子偶尔被霸凌，15% 的孩子经常被霸凌。

霸凌，是一种"对内欺己，对外欺人"的现象，从本质上看，是自身修养不够、法律意识淡薄的结果。霸凌造成的伤害是双重的，不仅会导致受害者在身体上受到伤害，更会带来心理和情感上的伤害。所以，我们一定要重视起来。

不欺负人是一种教养，不被人欺负是一种能力。因为不自欺，所以不欺人。正如前面所说，一个人只有能严格要求自己，不放纵自己，诚实守信，才能够修己达人，不欺骗别人，不对别人耍手段，所以要从小加强对孩子的道德修养的教育，助其树立正确的人生观，引导孩子做一个品行兼优的人。

另外，如果自己不幸成了被霸凌的对象，该如何处理呢？

在霸凌面前，先保证自己的安全，是基本前提。具体来说，要根据实际情况做相应的反应。既不要忍气吞声，一味退让，也不要不顾情况"打回去"。如果完全忍气吞声，一味退让，对方会变本加厉地欺凌你。而如果不顾情况一拳打回去，逞一时之勇，又可能会给自己带来更大的伤害。根据实际情况可参照下面的做法：

（1）面对对方的言语挑衅，尽量不予理睬。有些时候，对方在言语挑衅后，发现没有得到反应，也就放弃继续挑衅了。如果对方变本加厉，那就在适当的时候展示你的锋芒，亮出你的底线，很多时候，那些欺软怕硬的人就会被吓退了。

（2）面对正在发生的恶性霸凌，保持镇定，不主动挑起肢体冲突，第一时间保全自己，身外之物，包括钱财，当舍则舍。而且，不管对方如何言语威胁，第一时间勇敢寻求帮助，找家长、老师或警察（总有一个人会帮到你），不要独自承受身体和心理的双重压力。

（3）当看见其他同学遭遇校园霸凌时，拒绝当一个冷漠的旁观者。被霸凌的多是无依无靠的孩子，别人的冷眼旁观会让施暴者更加肆无忌惮。其实只要有一个孩子敢于反抗，那么会有更多的人站出来。大家齐心协力，并向家长、老师寻求帮助，一定能够化解校园霸凌。

# 教孩子与他人合作之道

欧洲著名心理分析家 A. 阿德勒说:"假使一个儿童未曾学会合作之道,他必定会走向孤僻之途,并产生强烈的自卑情绪,严重影响他一生的发展。"

事实上,孩子的团队合作能力不仅是孩子交际能力的重要体现,也是现实世界的需要。只有合作,才能汲取更多的"营养"让自己变得更强大,也只有懂得与人合作的孩子才可能在将来收获更大的成功。因此,父母必须从小培养孩子与人合作的意识,训练孩子的合作行为,增强孩子的团队意识。

要想培养孩子的团队合作能力,首先要让孩子明白团队精神及合作的重要性。孩子参加的第一个团队是家庭,家庭虽然有别于学校和社会性团体,但也可以为孩子学会社交技能打下基础。在日常生活中,爸爸妈妈与家庭成员之间应当有意识地进行合作,并邀请孩子参与进来,让孩子感受合作的快乐。活动中告诉孩子合作的力量往往大于独自行动,于潜移默化中培养孩子的合作意识。比如,可以让孩子一起参与包饺子、做蛋糕、做家务等,当孩子看到一起合作的劳动成果时,一定十分开心。

在家庭中培养孩子的团队精神还有一个有利的地方，那就是孩子不必担心被家庭这个团队拒绝，因而能自由、大胆甚至充满创造力地充分扮演好自己的角色，有利于今后与人合作。

在幼年时，父母可以带孩子和他的小伙伴们一起搭积木、拼拼图、过家家、演童话剧、玩老鹰抓小鸡等。在这些活动中，孩子通过互相配合，慢慢就能提高自己的团队合作意识和能力。

对年龄稍大的孩子，父母可以让孩子多玩一些合作性较强的体育活动和游戏，如足球、篮球、跳皮筋、跳绳等，这些活动既有团体之间的对抗与竞争，又有团队内部的合作，有利于孩子合作能力和团队精神的培养。

同时，孩子也会在这些活动中获得快乐以及成就感、满足感，他在潜意识里就会认为团队合作很快乐，这样就会越来越喜欢集体活动。

在引导孩子参加各种团队活动时，要引导并教会孩子合作的方法和策略。

首先，父母应该在平时经常给孩子灌输类似这样的思想：任何人都有自己的长处，要学会真诚地欣赏他人；合作就是取他人之长，补自己之短，是双方长处的融合；霸道、自私会让游戏进行不下去，只有分享与合作才能让游戏顺利进行，才能获得快乐……

其次，在孩子与同伴在活动中意见不统一时或玩得不愉快时，父母要教给孩子一些解决冲突的技巧，但是不要代替孩子处理与伙伴之间的矛盾，而要让孩子学会如何面对失败和胜利、如何解决冲突，学会独立思考，并让自己的交际能力不断得到提升。

鼓励孩子学会解决矛盾

在解决矛盾的过程中，孩子会慢慢明白自我中心意识太强在人际关系中是行不通的，要学会谦让、妥协，要学会照顾别人的感受，进而懂得更好地与人相处。

另外，父母还可以利用孩子喜欢听故事、看故事的特点，引导孩子看一些有关友情、互助、合作方面的书籍，借助书中的故事帮助孩子认识团队合作的重要性，并学会与他人合作，取长补短，借助团队的力量解决问题的方法。

# 附 录

## 传世家训、家规摘编

家训和家规是家风的具化和反映,是家族先辈制定的关于修身、居家、为人处世的原则,绵延数千年,精深宏富,这里摘抄部分家训和家规精华,以小见大,揭示先贤高超的人生艺术和智慧。

# 颜氏家训

《颜氏家训》是南北朝教育家颜之推的著作。全书共7卷20篇，是一部涉及语言学、训诂学、民俗学等学科的学术著作。作为传统社会的典范教材，该书开后世"家训"之先河，被誉为"家训之祖"。在书中，作者通过记述个人经历、思想、学识来告诫子孙后代如何修身养性、如何为人处世。历代学者对该书十分推崇，视之为垂训子孙以及家庭教育的典范。

## 教子篇

吾见世间无教而有爱，每不能然，饮食运为，恣其所欲，宜诫翻奖，应呵反笑，至有识知，谓法当尔。骄慢已习，方复制之，捶挞至死而无威，忿怒日隆而增怨，逮于成长，终为败德。孔子云"少成若天性，习惯如自然"是也。

## 勉学篇

自古明王圣帝，犹须勤学，况凡庶乎！此事遍于经史，吾亦不能郑重，聊举近世切要，以启寤汝耳。士大夫子弟，数岁已上，莫不被教,多者或至《礼》《传》,少者不失《诗》《论》。

**省事篇**

铭金人云:"无多言,多言多败;无多事,多事多患。"至哉斯戒也!能走者夺其翼,善飞者减其指,有角者无上齿,丰后者无前足,盖天道不使物有兼焉也。

**治家篇**

夫风化者,自上而行于下者也,自先而施于后者也。是以父不慈则子不孝,兄不友则弟不恭,夫不义则妇不顺矣。

# 温公家范

《温公家范》简称《家范》,是北宋名臣、史学家司马光的传世家训。司马光死后被追封为"温国公",所以此书被称为《温公家范》。该书被历代推崇为家教范本,共10卷19篇,系统论述了治家、修身、伦理以及为人处世的规范和道理,为后人指明了"治家修身"之道。

## 治家篇

象曰:"家人,女正位乎内,男正位乎外。男女正,天地之大义也。家人有严君焉,父母之谓也。父父,子子,兄兄,弟弟,夫夫,妇妇,而家道正。正家而天下定矣。"

《大学》曰:"古之欲明明德于天下者,先治其国;欲治其国者,先齐其家;欲齐其家者,先修其身。"

夫生生之资,固人所不能无,然勿求多余,多余希不为累矣。使其子孙果贤耶,岂蔬粝布褐不能自营,至死于道路乎?若其不贤耶,虽积金满堂,奚益哉?

## 节俭篇

近故张文节公为宰相,所居堂室,不蔽风雨;服用饮膳,与始为河阳书记时无异。其所亲或规之曰:"公月入俸禄几何,而自奉俭薄如此。外人不以公清俭为美,反以为有公孙布被之诈。"文节叹曰:"以吾今日之禄,虽侯服王食,何忧不足?然人情由俭入奢则易,由奢入俭则难。此禄安能常恃,一旦失之,家人既习于奢,不能顿俭,必至失所,曷若无失其常!吾虽违世,家人犹如今日乎!"

## 礼仪篇

卫石碏曰:"君义、臣行、父慈、子孝、兄爱、弟敬,所谓六顺也。"齐晏婴曰:"君令臣共、父慈子孝、兄爱弟敬、夫和妻柔、姑慈妇听,礼也。"

夫治家莫如礼。男女之别,礼之大节也,故治家者必以为先。

# 朱子家训

《朱子家训》也称《治家格言》，是明代学者朱柏庐的家庭教育著作，自问世以来，广受好评，被尊为"治家之经"。该书虽仅五百余字，却精辟地阐明了修身治家之道，在清朝至民国年间一度成为童蒙必读课本，可见该书的分量。

## 读书篇

祖宗虽远，祭祀不可不诚；子孙虽愚，经书不可不读。

读书志在圣贤，非徒科第；为官心存君国，岂计身家？

## 勤俭篇

黎明即起，洒扫庭除，要内外整洁；既昏便息，关锁门户，必亲自检点。

一粥一饭，当思来处不易；半丝半缕，恒念物力维艰。

自奉必须俭约，宴客切勿流连。

## 教子篇

居身务期质朴,教子要有义方。
与肩挑贸易,毋占便宜;见贫苦亲邻,须加温恤。
狎昵恶少,久必受其累;屈志老成,急则可相依。
见富贵而生谄容者最可耻,遇贫穷而作骄态者贱莫甚。

## 兴家篇

居家戒争讼,讼则终凶;处世戒多言,言多必失。
乖僻自是,悔误必多;颓惰自甘,家道难成。
兄弟叔侄,需分多润寡;长幼内外,宜法肃辞严。

# 曾国藩家书

《曾国藩家书》是晚清名臣曾国藩的书信集。作为晚清著名政治家、军事家、理学家、文学家，曾国藩文能提笔安天下，武能马上定乾坤，对当世和后世的政治、经济、军事、文化产生了一定影响，是"晚清四大名臣"之一，被誉为"半圣"。

《曾国藩家书》内容丰富，涉及广泛，涵盖修身养性、治家教子、为人处世、交友识人、治军从政等，具有极高的史料价值和学术价值。

## 修身篇

吾人为学，最要虚心。

从古帝王将相，无人不由自强自立做出。

做人要有恒心，人而无恒，终身一无所成。

## 勤俭篇

俭以养廉，直而能忍。

凡一家之中，勤敬二字能守得几分，未有不兴；若全无一分，未有不败。

天下事未有不由艰苦中来，而可大可久者也。

家俭则兴，人勤则健；能勤能俭，永不贫贱。

## 励志篇

立者，发奋自强，站得住也；达者，办事圆融，行得通也。

凡将相无种，圣贤豪杰亦无种，只要人肯立志，都可以做得到的。

从古帝王将相，无人不由自立自强做出，即为圣坚者，亦各有自立自强之道，故能独立不惧，确乎不拔。

君子有高世独立之志，而不与人以易窥；有藐万乘却三军之气，而未尝轻于一发。

## 读书篇

读书之道，朝闻道而夕死，殊不易易。闻道者，必真知而笃信之，吾辈自己不能自信，心中已无把握，焉能闻道？

买书不可不多，而看书不可不知所择。最好之书，当熟读深思，礼记心得。

苟能发奋自立，……负薪牧豕皆可读书。苟不能发奋自立，……即清静之乡、神仙之境皆不能读书。何必择地？何必择时？